U0219267

0~3岁宝宝营养食谱

儿科医生鱼小南 编著

青岛出版社
QINGDAO PUBLISHING HOUSE

图书在版编目（CIP）数据

0～3岁宝宝营养食谱 / 儿科医生鱼小南编著. --青岛：青岛出版社, 2018.1
ISBN 978-7-5552-5447-8

Ⅰ.①0… Ⅱ.①儿… Ⅲ.①婴幼儿—保健—食谱Ⅳ.①TS972.162

中国版本图书馆CIP数据核字（2017）第297959号

《0~3岁宝宝营养食谱》编委会

文字作者：圆猪猪　余　楠　张文华
漫画作者：黄　昕　高　薇

书　　名　0~3岁宝宝营养食谱
作　　者　儿科医生鱼小南
出版发行　青岛出版社
社　　址　青岛市海尔路182号（266061）
本社网址　http://www.qdpub.com
邮购电话　13335059110　0532-68068026
责任编辑　袁　贞
封面设计　丁文娟
照　　排　青岛乐喜力科技发展有限公司
印　　刷　青岛乐喜力科技发展有限公司
出版日期　2018年1月第1版　2018年4月第1版第2次印刷
开　　本　32开（890mm × 1240mm）
印　　张　5
字　　数　100千
图　　数　520幅
印　　数　10001-16000
书　　号　ISBN 978-7-5552-5447-8
定　　价　29.80元

编校印装质量、盗版监督服务电话　4006532017　0532-68068638
建议陈列类别　育儿科普类

目录

第4章 2～3岁宝宝营养餐

第1章

给宝宝做饭之前的必修课

0 ～ 3 岁宝宝的生理特点

宝宝刚出生的时候，消化系统还未发育完善，只能吃母乳和配方奶。随着消化系统功能的逐渐成熟，宝宝就可以添加辅食了，再慢慢过渡到以三餐为主。所以说，给宝宝吃什么不是想当然的，是根据生理特点来的。

口腔是消化道的起端，具有吸吮、吞咽、咀嚼、消化、味觉、语言等多种功能。新生儿出生的时候已具有较好的吸吮、吞咽功能，只是唾液腺不够发达、口腔黏膜干燥。3 ～ 4 个月时唾液分泌开始增加，但婴儿口底浅，不能及时吞咽全部唾液，所以会经常流口水。

新生儿食管长8～10厘米，1岁时长12厘米，成人食管长25～30厘米。新生儿和婴儿的食管呈漏斗状，腺体较少，且食管下段括约肌发育不成熟，容易发生胃食管反流。另外，宝宝吃奶时会吞咽过多空气，这些因素都使宝宝容易溢奶。

新生儿胃容量为30～60毫升，1~3个月时90～150毫升，1岁时250～300毫升，成人胃容量为2000毫升左右。吃奶后不久宝宝的幽门即开放，胃内容物陆续进入十二指肠，所以有时候你会发现宝宝吃进去的奶量要大于胃容量。胃排空的时间取决于食物种类，水的排空时间为1.5～2小时，母乳为2～3小时，配方奶为3～4小时。早产儿胃排空要慢一些，所以早产儿的爸爸妈妈不要急于让孩子体重赶上来而频繁喂奶。

婴幼儿的肠管一般为身长的5～7倍，相对比成人长。食物从进入消化道至形成粪便排出体外的时间也因喂养方式不同而异，母乳喂养的宝宝平均为13小时，喝配方奶的宝宝平均为15小时，成人平均为18～24小时。

宝宝出生时胰腺的发育还不完全，出生后 3 ~ 4 个月时胰腺发育较快，胰液分泌量也随之增多。新生儿胰液中的脂肪酶活性不高，直到 2 ~ 3 岁才接近成人水平，而且婴幼儿时期胰液及消化酶的分泌容易受天气和疾病的影响，所以婴幼儿的饮食以清淡为主，避免消化不良。

正常肠道菌群能够对抗入侵肠道的致病菌，因而维持宝宝肠道的菌群平衡非常重要。肠道菌群受食物成分的影响，母乳喂养的宝宝肠道内菌群以双歧杆菌为主，而喝配方奶和混合喂养的宝宝肠内的大肠杆菌、嗜酸杆菌、双歧杆菌、肠球菌所占比例差不多。因此，合理饮食能维持宝宝肠道内的菌群平衡，增强宝宝抵抗力。

看了这一节内容，你就会知道，宝宝的消化系统和成人还是有很大差别的。这样，你就能够理解为什么要单独给宝宝做饭，为什么宝宝每个阶段的饭都不一样，为什么有些东西不能给宝宝吃。

第2节

制作宝宝餐的必备工具

1	电压力锅	给宝宝煮粥、炖汤、蒸肉都很方便，按下设定的程序，或是用预约程序，到设定的时间就可以享受美味了。我给宝宝做辅食，大部分是靠它。
2	多层蒸锅	用来蒸包子、馒头等面食，或者做蒸菜，一次可以蒸三层，省时省力。

3	电饭煲	如图这款电饭煲带有“宝宝粥”功能，用这个功能煮出来的粥口感更为细腻。妈妈们也可以购买“宝宝粥煲”，体积比较小，有预约功能，每天都能给宝宝喝上新鲜的粥。
4	豆浆机/米糊机	如图这款是“孕婴专用豆浆机”，有“蔬果米糊”“益智米糊”“果汁”等多种功能。这款米糊机的容量比较小，适合给宝宝做米糊。
5	多功能搅拌机	用来搅拌果汁，还可以研磨虾皮粉、坚果粉等。
6	多功能搅拌棒	用来搅肉、搅拌果汁，还带有一个打蛋器头，做蛋糕的时候可用来打蛋。
7	食物研磨器	这个是我用到最多的器具，有榨汁、研磨功能，还有过滤功能。切记一定要选购大品牌的，要无毒，无色。
8	宝宝餐具	给宝宝购买餐具，应选择质地上佳的，要光滑如瓷器却又很轻薄，上色要均匀，不烫手，不怕摔，不变形，保温性能要好。买回家后要用开水煮半小时再给宝宝用。若发现有发白处或黑点，则是质量不过关的次品，不可以给宝宝用。
9	电动打蛋器	配有打蛋头、搅面棍等配件。其中打蛋头多用来打发蛋白、全蛋、鲜奶油、黄油等，搅面棍用来搅拌含水量65%左右的湿性面团。

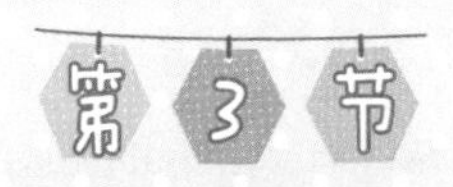

第3节 宝宝餐常用食材

在宝宝的日常饮食中，各种各样的蔬菜、水果是必不可少的，新鲜的蔬菜、水果可以给宝宝提供丰富的维生素及矿物质。要注意选择应季的蔬果，掌握正确的挑选方法，并采用合适的方式进行处理。

适合宝宝吃的蔬菜

1. 西蓝花

西蓝花富含蛋白质及维生素 C，有防癌抗癌、增强肝脏解毒能力的功效。选购西蓝花时要选颜色墨绿、小花苞紧闭的，这样的才新鲜。若色泽泛黄、小花苞开放，表示存放过久，已失去营养价值，不宜选择。

注意事项

西蓝花虽然营养丰富，但常有残留的农药，还容易生菜虫，所以在加工之前，可将菜花放在盐水里浸泡 15 分钟，菜虫就跑出来了，还可有助于去除残留农药。另外，在煮汤时也要先氽烫一下。

2. 土豆

又称土豆、薯仔。土豆含有大量的淀粉，既是蔬菜，也可作主食。蒸熟后很适合给宝宝作辅食，除了淀粉，它还含有蛋白质、脂肪、多种维生素和矿物质，比大米、面粉更有营养。选购土豆时以表皮完整、无皱缩、无绿色、无芽眼，手感沉重的为佳。

注意事项

发芽的土豆含有较多有毒物质龙葵素，容易引起中毒，一定不要给宝宝吃发芽的土豆。

3. 菜心

又名菜薹，南方常见蔬菜，富含叶绿素、钙质及维生素 C。购买菜心时要选叶子碧绿、底部根茎细小的。用手撕开表皮时不会拉出很长的一段表皮，这样的菜心很细嫩。如果根茎粗大、表皮厚、叶片宽大，则为老菜心，口感不佳。

注意事项

菜心容易生虫，如果看到叶片上有些许虫洞，是正常现象，完全没有虫洞的反而不安全。在加工前要用淡盐水浸泡 15 分钟，再反复冲洗净方可。

4. 娃娃菜

娃娃菜味道甘甜，营养丰富，钙含量高于大白菜，更适合宝宝食用。市场上面有用大白菜菜心假冒的娃娃菜，区别真假娃娃菜主要有以下两个方面：一是外形，真的娃娃菜颜色微黄，帮薄，褶细；二是口感，真的娃娃菜细嫩，味道微甜。

5. 菠菜

菠菜富含维生素 A、维生素 C、钙、铁、胡萝卜素等多种营养物质，非常适合小朋友食用。选购菠菜以菜梗红短，叶子色泽浓绿，新鲜有弹性的为佳。

注意事项

若将菠菜与豆腐共煮，须先将菠菜用沸水焯烫后再煮，不然菠菜中的草酸容易与豆腐中的钙质生成草酸钙，影响钙吸收。

6. 胡萝卜

含有大量胡萝卜素，具有益肝明目、增强免疫力、降血压等功效。购买时以根茎细小、表皮光滑、富含水分的为佳。若表皮开裂、干燥，则说明已不新鲜。加工前最好是用刀削去表皮。

7. 番茄

又名西红柿，富含多种维生素和矿物质，且口味好，宜给宝宝多吃。选购番茄时要选果形周正，色泽红亮有光泽，表皮无裂口、无虫斑，手捏的感觉软中带硬，顶端的蒂把完好的。若蒂把干结，表示已经存放了一段时间；若蒂把脱落，手捏感觉很软则非常不新鲜。

8. 黄瓜

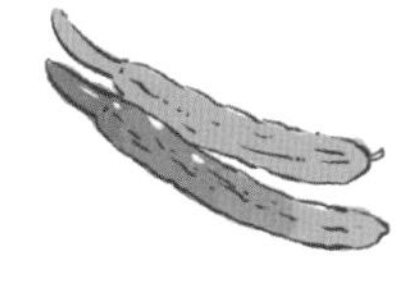

也称胡瓜、青瓜，含丰富的维生素 C、维生素 E 等。清洗时最好用牙刷在流动水下刷洗干净。选购时以色泽青绿、身形细长、表面带刺的为好，口感鲜嫩。

适合宝宝吃的水果

1. 香蕉

适宜宝宝：6 个月以上的宝宝

营养价值：香蕉肉质软糯，味道香甜可口。香蕉中含有大量碳水化合物，能为宝宝提供能量。香蕉还富含钾和镁，能防止血压上升、缓解疲劳。很多妈妈喜欢在孩子便秘时给孩子吃香蕉，因为香蕉内含有丰富的可溶性纤维素，也就是果胶，能促进胃肠蠕动，使排便顺畅。要注意的是，一定要选用成熟的香蕉，因为生香蕉含较多鞣酸，吃了反而会加重便秘。

挑选：以表皮金黄、光滑，果实饱满，无虫眼的为佳。

预处理：香蕉在运输过程中一般要使用杀菌剂和保鲜剂，购买后要切除根部 1 厘米左右，才能安心食用。

2. 苹果

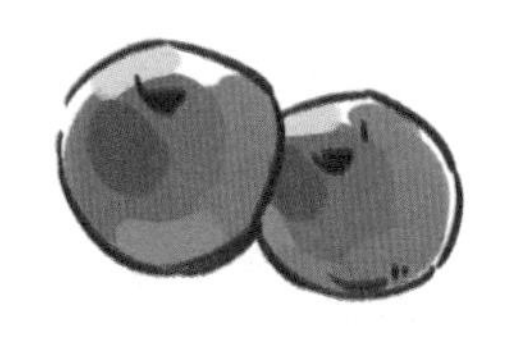

适宜宝宝：6 个月以上的宝宝

营养价值：苹果含有丰富的碳水化合物、维生素和矿物质，营养全面，容易被人体吸收，非常适合给宝宝食用。苹果也含有丰富的膳食纤维，便秘的宝宝可多吃。

挑选：若是红富士苹果，一要看苹果柄是否有同心圆，这样的苹果日照充分，会比较甜；二要看苹果身上是否有条纹，条纹越多的越好；三要看颜色，越红越好。若是黄元帅苹果，则要挑颜色发黄的，麻点越多的越好；用手掂一下重量，轻的比较绵，重的比较脆。

预处理：大部分苹果在生产过程中都要使用农药，为防止苹果表面的农药残留伤害到宝宝，在清洗时应用流动的清水反复搓洗干净表皮。若表面有果蜡，可用少量的盐揉搓表皮，然后再清洗干净。较小的宝宝应把皮削掉再吃。

3. 梨

适宜宝宝：6个月以上的宝宝

营养价值：梨肉脆多汁、酸甜可口、营养丰富，很适合给宝宝吃。而且，梨还有润肺止咳的功效，冬春季宜给宝宝常吃。

挑选：应挑选大小适中、果皮光洁、果肉软硬适度，果皮无虫眼和损伤，闻起来有果香的梨。底部凹坑深的梨较甜、汁水多，要比凹坑浅的好。

预处理：清洗时要用流动的清水，反复搓洗干净表皮，小宝宝要削皮食用。

4. 葡萄

适宜宝宝：6个月以上的宝宝

营养价值：葡萄肉嫩多汁、酸甜可口，也很适合宝宝食用。葡萄中含有较多的葡萄糖，可以快速为宝宝提供能量。另外，葡萄中还含有丰富的钙、钾、镁等矿物质和维生素A、维生素C，营养比较全面。

挑选：新鲜的葡萄果梗硬，果梗与果粒之间比较结实；储存时间长的葡萄，提起果梗时果粒就摇摇欲坠，甚至一拽就掉，这说明果梗部分可能开始腐坏了。选葡萄时还可以闻一闻，开始腐坏的葡萄都会产生酒精的味道。

预处理：将葡萄从蒂部剪断，放在淘米水或加面粉的水中浸泡10分钟，再取出放在网筛中，用流动水反复冲洗干净。洗葡萄时，千万不要把葡萄蒂摘掉，去蒂的葡萄若放在水中浸泡，残留的农药会进入水中，再进入到果实内部，造成更严重的污染。

5. 哈密瓜

适宜宝宝：6 个月以上的宝宝

营养价值：哈密瓜富含维生素 A，能帮助宝宝保护视力、提高抗感染能力。尤其适合夏天食用，对宝宝的皮肤有好处。

挑选：用鼻子去闻瓜，香味比较明显的是成熟的哈密瓜，没有香味或味很淡的往往是生的。用手掂一下重量，如果与个头相符，说明比较新鲜，若偏轻就说明水分丢失了，味道就会差一些。再者，可以看瓜皮上面有没有疤痕。疤痕越老的哈密瓜就越甜。最好的哈密瓜就是那些疤痕已经裂开的，虽然看上去难看，但是这种哈密瓜的甜度高、口感好。相反，越是卖相好、看着漂亮的哈密瓜，往往是生的，不好吃。

预处理：用清水将表皮洗净，用刀剖开，用汤匙将瓜瓤部分掏干净，削去表皮即可。

6. 西瓜

适宜宝宝：6 个月以上的宝宝

营养价值：西瓜味甘多汁、清爽解渴，是盛夏佳果。因西瓜富含钾，夏季给宝宝吃西瓜可以补充随汗水流失的钾，让宝宝更有活力。

挑选：

①看瓜蒂，新鲜而弯曲的，表示是新采摘的瓜；反之，瓜蒂干枯的，表示采摘已久，瓜不新鲜了。

②听声音。一手捧瓜，另一手拍西瓜，如果听到“嘭嘭”的声音，像在拍装满水的肚子一样，那就是又甜又多汁的好瓜。如果听到“扑扑”的声音，像拍脑门一样，那就是没熟透的瓜。

7. 猕猴桃

适宜宝宝：8 个月以上的宝宝

营养价值：猕猴桃中的维生素 C 含量在水果中名列前茅，一个猕猴桃就能满足宝宝一天的维生素 C 需求量，被誉为“维生素 C 之王”。此外，猕猴桃还含有丰富的钙、镁、铁、锌等矿物质和膳食纤维，营养价值非常高。

挑选：一看外形，果形规则呈椭圆形，表面光滑无皱，果脐小而圆且向内收缩；要选头尖尖的，不要选扁扁的像鸭子嘴巴的，这种像鸭嘴巴的是使用了激素造成的。二看颜色，要选接近土黄色的，这是日照充足的象征，也更甜。果皮呈均匀的黄褐色，富有光泽；果毛细而不易脱落的为佳。

预处理：用刀将猕猴桃对半切开，用汤匙将果肉挖出来食用即可。

8. 草莓

适宜宝宝：12 个月以上的宝宝

营养价值：草莓也是营养价值颇高的水果，钙、镁、磷的含量是苹果、葡萄等水果的三四倍。维生素 A、维生素 C 的含量也很高，有助于提高宝宝的抵抗力。

挑选：应挑选表面光亮、颜色均匀、有细小绒毛的草莓。畸形草莓不要选，个头太大的也不要选。

预处理：

先用流动的自来水连续冲洗几分钟，再把草莓先后放在淘米水和淡盐水中浸泡 3 分钟。最后用流动的自来水冲洗干净即可。

9. 桃子

适宜宝宝：10个月以上的宝宝

营养价值：桃子肉质鲜美，且富含钙、镁、钾等矿物质和维生素C、维生素E。另外，桃子也含有丰富的膳食纤维，有润肠通便的作用。

挑选：一看外表，质地好的桃子个大、色泽鲜艳，而质地差的桃子有点发育不良，个小且色泽灰暗。二闻味道，好的桃子应有清新的果香味。桃子有硬果肉和软果肉之分，硬桃子爽脆可口，软桃子松软甘甜。

预处理：先把桃子冲洗一下，然后撒上细盐来回搓洗，最后用清水冲洗干净即可。

常用调味料称量换算表

1.量匙（不同量匙略有不同，具体见匙身标注）

1/4 小匙 =1/4 茶匙 = 1.25 毫升

1/2 小匙 =1/2 茶匙 = 2.5 毫升

1 小匙 =1 茶匙 = 5 毫升

1 大匙 = 15 毫升

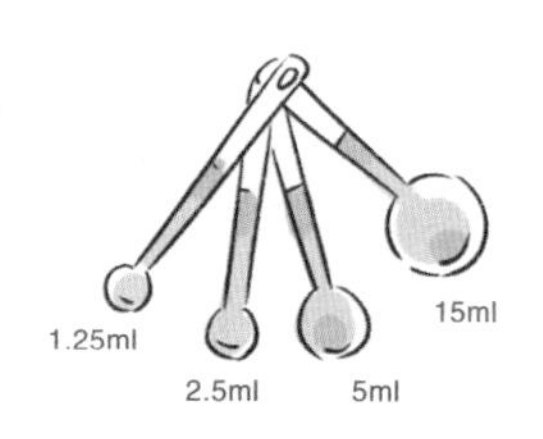

2.常用调味料换算

细盐 1 小匙 = 5 克

细白砂糖 1 小匙 = 4 克

玉米淀粉 1 小匙 = 4 克

中筋面粉 1 小匙 = 2.4 克

中筋面粉 1 大匙 = 7 克

生抽 1 大匙 =15 毫升 = 15 克

植物油 1 大匙 =15 毫升 = 14 克

清水 1 大匙 =15 毫升 = 15 克

第2章

0～1岁宝宝营养餐

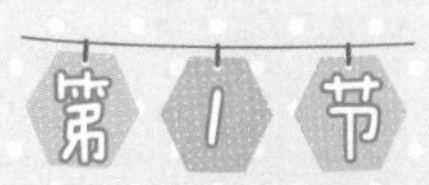

5～6个月宝宝喂养方案

宝宝在这个时期唾液腺发育完善，唾液量明显增加，并富含淀粉酶，且从母体内获得的贮存铁也逐渐耗尽。因此，这个时期可以开始逐步添加含铁配方米粉、谷物食品、菜泥等。

此时期宝宝对食物的喜恶并不强烈，基本上不挑食，而6个月之后，宝宝会对食物表现出喜欢和厌恶，因此这个时期添加辅食会相对容易一些。当然也要看宝宝的发育情况，发育晚的宝宝可以晚一些添加辅食。一定要坚持用小勺喂辅食，锻炼宝宝咀嚼吞咽半固体食物的本领，有的家长喜欢用奶瓶喂宝宝辅食，这种做法不利于培养宝宝的咀嚼吞咽能力。

这个时期的宝宝依然以喝奶为主，可在上午两次喂奶之间或是做完舒服的日光浴后，给宝宝添加适量的果汁、菜泥、米粉等，以补充宝宝所需的各种营养素。

制作果汁时要选择新鲜、应季的水果，并且要现榨现喝，才能让宝宝吸收到最好的营养。制作果汁时要把过滤网、滤汁器等工具都洗干净，并定期消毒。

宝宝的第一口辅食，首选是含铁米粉，不容易引起过敏，还能补充铁。同时配合富含维生素 C 的水果和蔬菜，有助于铁的吸收。目前市面上销售的成品婴儿米粉，是根据宝宝生长发育所需的营养特别配制的，添加了各种维生素和矿物质，大都强化了婴幼儿体内容易缺乏的钙铁锌。因为添加的量不大，本身不缺这些营养素的婴幼儿吃了也不会造成过量。如果宝宝长期吃自制的米粉，可能会得不到钙铁锌的有效补充。

鲜橙汁

材 料

鲜橙子1个

做 法

1. 将鲜橙子洗净，对半切开，用宝宝辅食制作工具中的榨汁器将橙汁榨出。
2. 用1∶1的温开水稀释橙汁即可。

心得分享

鲜橙富含维生素C及有机酸，能够促进人体新陈代谢，增强宝宝抵抗力。

猕猴桃汁

材 料

猕猴桃1个

做 法

1. 将猕猴桃对半切开。
2. 用汤匙将猕猴桃肉从中间挖出来。
3. 将果肉放在过滤网上，用汤匙按压果肉。
4. 将过滤网放在碗上，等待果汁流入碗内，加入与果汁等量的温开水给宝宝饮用。

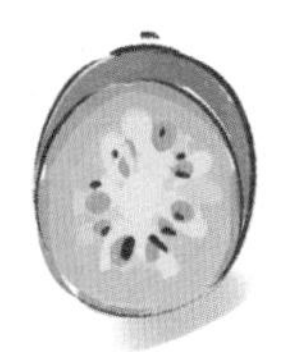

西瓜汁

材料

西瓜 300 克

做法

1. 将西瓜去皮，瓜肉切成小块。
2. 将瓜肉放在过滤网上，用汤匙按压，过滤出西瓜汁，加入等量的温开水调匀给宝宝喝。

心得分享

西瓜营养丰富，又能消暑止渴，适合夏天给宝宝饮用。但西瓜含糖量高，不要一次给宝宝喝太多。

香蕉泥

材料

成熟的香蕉1根

做法

1. 选成熟的香蕉1根，撕去表皮，切成小段。
2. 香蕉段放在宝宝辅食过滤网上，用勺子压成泥。

心得分享

香蕉泥香甜软糯、制作简单，还有润肠通便的作用，尤其适合便秘的宝宝。

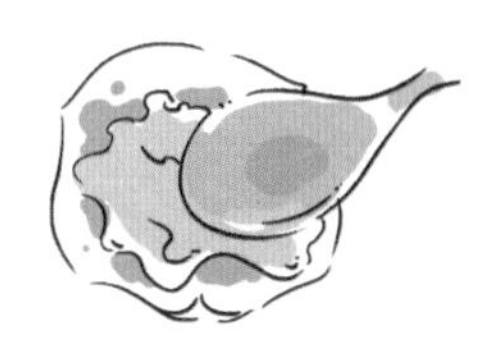

红枣汁

材 料

新疆大红枣5颗

做 法

1. 用牙刷洗净红枣表皮，切成小块。
2. 红枣放锅内，加清水300毫升，大火煮开后转小火煮20分钟。
3. 待红枣变软后用网筛过滤残渣，取汁饮用。

葡萄汁

材 料

葡萄200克
面粉1大匙

做 法

1. 用剪刀将葡萄从根茎上剪断，注意不要剪掉上面的蒂。
2. 葡萄放清水中，加入1大匙面粉搅匀，浸泡半小时，再用手搓洗干净。
3. 用流水冲洗净葡萄，用手将葡萄蒂逐个轻轻摘除。
4. 将葡萄放入搅拌机内，加200毫升温开水，搅拌成汁。
5. 葡萄汁用网筛过滤残渣，滤去葡萄皮和籽。
6. 取汁给宝宝饮用即可。

番茄汁

材料

番茄100克

做法

1. 用锋利的小刀在番茄顶部表皮上割十字花刀。小锅内烧开水，放入番茄烫10秒，至切口处爆开，撕去表皮。
2. 将番茄切成块状，放入搅拌机内，加入清水200毫升，将番茄搅成汁。
3. 将搅好的汁倒入小锅内，中火煮至沸腾，用网筛过滤，放至温热后再给宝宝喝。

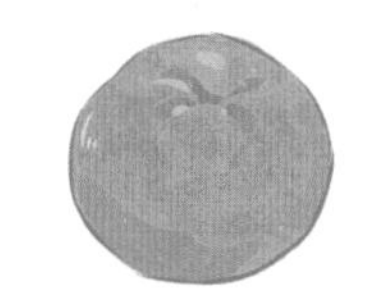

青菜汁

材料

小白菜100克，食用碱1小匙。

做法

1. 小白菜切除根部，放入加少许食用碱的清水盆中泡10分钟以去除残留农药，再用流水洗净控干。
2. 小白菜切小段，放汤锅内煮约3分钟至熟。
3. 将白菜放入搅拌机内，加入清水150毫升，搅打20秒。
4. 用干净的过滤纱布将菜渣过滤即可。

心得分享

除了小白菜，也可用菠菜、生菜、白菜等当季的蔬菜来做。绿叶蔬菜多比较寒凉，不要一次给宝宝喝太多菜汁。

胡萝卜米糊

材料

胡萝卜50克
白米50克

做法

1. 胡萝卜去皮切小块，白米洗净。
2. 将胡萝卜、白米放入豆浆机内，加入清水500毫升。
3. 按下“米糊”键，待程序结束即可。

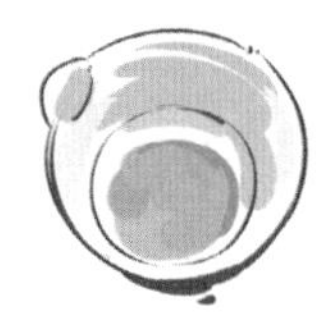

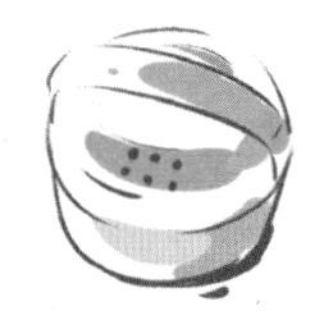

苹果米糊

材料

红苹果1个
婴儿米粉20克

做法

1. 将红苹果削去表皮。
2. 将苹果肉去核，切成小块。婴儿米粉加清水100毫升冲调成米糊。
3. 将苹果肉放入搅拌机内，加入清水100毫升搅拌成泥。
4. 将搅拌好的苹果泥倒入锅内煮至沸腾，加入婴儿米糊，搅拌均匀即可。

香蕉米糊

材 料

香蕉1根，婴儿米粉20克。

做 法

1. 将婴儿米粉放入小碗内，冲入温开水100毫升调匀。
2. 香蕉去皮，用过滤网压成泥状。
3. 将香蕉泥拌入米粉内即可。

婴儿米粉能够给宝宝提供能量和部分维生素、矿物质，香蕉味道香甜且富含维生素A、维生素C和钙、镁、钾等矿物质，既能调味又能补充营养。

材 料

哈密瓜50克，婴儿米粉20克。

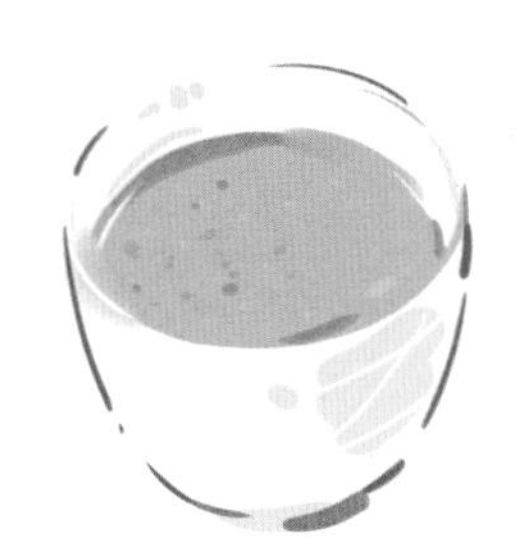

做 法

1. 取婴儿米粉20克加温水100毫升冲泡成米糊。
2. 哈密瓜去皮，果肉切成粒状。
3. 将哈密瓜果肉加清水100毫升放入搅拌机内，用搅拌机搅匀成泥。
4. 将搅拌均匀的哈密瓜果泥在锅内煮至沸腾。加入婴儿米粉中拌匀即可。

心得分享

哈密瓜也是味道香甜、营养丰富的水果，而且还有利尿、防暑的功效，尤其适合夏天给宝宝吃。

核桃米糊

材料

核桃30克，白米50克。

做法

1. 将核桃切成3毫米大小的碎块，白米洗净。
2. 将核桃、白米放入豆浆机内，加入清水500毫升。
3. 按下“米糊”键，待程序结束即可。

红薯米糊

材料

红薯100克
白米40克

做法

1. 红薯、白米洗净。
2. 红薯去皮，切小块。
3. 红薯、白米放入豆浆机内，加清水500毫升。
4. 按下“米糊”键，待程序结束即可。

心得分享

红薯含有丰富的膳食纤维，能够促进宝宝胃肠蠕动，起到通便作用，特别适合便秘的宝宝食用。

香甜玉米糊

材料

甜玉米1根，粳米20克。

做法

1. 玉米洗净，剥下玉米粒。
2. 将玉米粒、粳米放入豆浆机内，加入清水500毫升。按下“米糊”键。
3. 待程序结束后将玉米糊从豆浆机内倒出，用网筛过滤即可。

玉米中镁元素含量丰富，且玉米胚芽中含天然维生素E，经常给宝宝食用玉米，可以促进宝宝大脑发育。

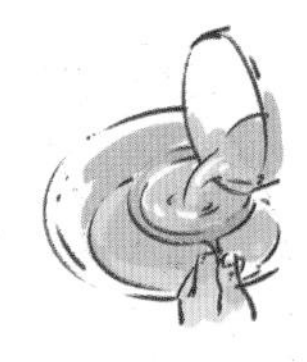

材料

南瓜100克，白米50克，栗子30克。

做法

1. 将南瓜去皮切小块，栗子去壳切成碎块，白米洗净。
2. 将南瓜、栗子、白米放入豆浆机内，加入清水500毫升。
3. 按下“米糊”键，待程序结束即可。

心得分享

栗子营养丰富，且有养胃健脾的作用，适合经常腹泻的宝宝吃。

第2节

7 ~ 8 个月宝宝喂养方案

7 ~ 8个月的宝宝消化功能增强了许多，而且大部分已经长牙。不但能吃流质、半流质的食物，还能吃一些固体食物。每天的喂奶量应该在500毫升左右，另加一餐饭和一次水果。辅食的品种也应逐渐增加，可以开始添加肉泥、鱼泥、肝泥以补充铁质和蛋白质。

这个月龄的孩子已经开始学爬行，体能消耗较多，适当增加碳水化合物、脂肪和蛋白质类食物是正确的。但应当注意，食物每次只增加一种，等到孩子适应了以后，再添加另外一种。

7～8个月的宝宝可以坐得很好，并能吃一些固体食物时，可以试着让他用手拿着食物吃，如面包片、磨牙饼干、苹果片等，鼓励孩子自己用手拿着食物吃。还可以教他学着自己用勺子吃饭。宝宝刚开始练习用勺子吃饭时，可能会把饭菜撒得到处都是，可以给宝宝一套带吸盘的碗，系上围兜，每次给少量的饭菜，让宝宝练习。

撒在地面上的饭，不必随时去收拾。只要提前在宝宝餐椅下垫上几张报纸，吃完后再收拾即可。宝宝一定会非常开心用自己的方式去认识食物。这样可以提早训练宝宝自主动手的能力，也能提高宝宝手眼动作以及大脑运作的协调度，这对宝宝而言是很棒的益智游戏。

很多宝宝平时是老人在照顾，老人大多比较溺爱孩子，喜欢喂饭。这就需要爸爸妈妈多跟老人沟通，让他们知道及时给宝宝添加固体食物和让宝宝自己动手的重要性。都是为了宝宝好，耐心解释，他们会理解的。

苹果泥

材 料

红苹果1个

做 法

1. 红苹果削去表皮。
2. 切去果核，将果肉切成小块。
3. 将苹果肉放入搅拌机内，加入温开水100毫升。
4. 开动搅拌机，将苹果肉搅拌成泥即可。

心得分享

苹果富含碳水化合物、维生素C、维生素A、钙、镁、铁及膳食纤维等，营养比较均衡，非常适合给宝宝吃。

牛油果桃泥

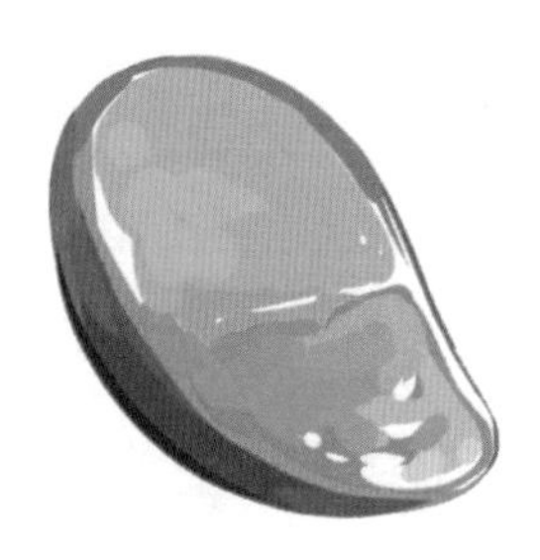

材 料

牛油果1个，桃子1/4个。

做 法

1. 用利刀将牛油果从中间切压下去，触到核的位置停止，如此转一周在果肉上划出痕迹，再用手掰开果肉。
2. 用刀尖将果核挑出来，用汤匙将果肉挖散，并压成泥。
3. 桃子去皮去核，果肉切成小块。
4. 用宝宝辅食制作工具将桃子果肉研成果泥。
5. 将桃泥和牛油果泥装在牛油果壳里，或将两者放入碗内混合，用碗盛装。

奶香红薯泥

材料

红薯150克，配方奶30毫升。

做法

1. 红薯削去表皮，切成薄片，放入不锈钢盘中。
2. 放入烧开的蒸锅中，旺火蒸20分钟，至用筷子可以轻松插入的程度。
3. 用辅食过滤网将薯块压成泥状，加入配方奶调成糊状即可。

心得分享

红薯泥切忌一次食用过多，否则会引起腹胀、嗳气、反酸等现象。

奶香南瓜泥

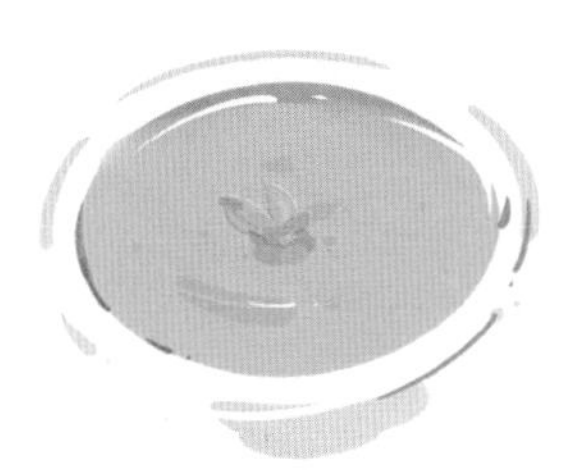

材料

南瓜200克，配方奶100毫升。

做法

1. 将南瓜削去表皮，切成薄片，放在蒸锅上蒸20分钟至熟。
2. 用宝宝辅食过滤网将南瓜压成泥。
3. 将100毫升配方奶倒入南瓜泥中，搅拌均匀即可。

心得分享

南瓜含有丰富的维生素A、可溶性纤维素、钙、镁、钾等，有助于提升宝宝的免疫能力。

青菜泥

材 料

小白菜2棵

做 法

1. 取小白菜的嫩叶部分，洗净。
2. 汤锅内加入水烧开，加入小白菜煮至水开后，再煮约2分钟。
3. 将煮好的青菜取出，剁成泥状即可。

心得分享

给宝宝制作菜泥的蔬菜一定要选新鲜的、应季的蔬菜，如菠菜、苋菜、小白菜、生菜等绿叶蔬菜。

山药泥

材 料

山药100克
配方奶50毫升

做 法

1. 山药削去表皮，切成薄片，放在不锈钢盘上，上蒸锅蒸20分钟至用筷子可轻松插入。
2. 用宝宝辅食过滤网把蒸好的山药压成泥状，加入配方奶混匀即可。

心得分享

山药泥直接给宝宝吃会很干，加入配方奶后会软糯一些，而且营养也更丰富。

清蒸鱼泥

材 料

黄花鱼肉200克，姜片3片，香葱20克。

做 法

1. 将黄花鱼块放在盘子上，上面铺上生姜片、香葱段，放在上汽的蒸锅中蒸30分钟。
2. 蒸好的鱼肉用筷子剔去鱼刺。
3. 用汤匙将鱼肉压扁成泥状即可。

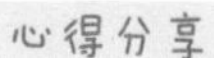

制作鱼泥要选刺少的鱼，如黄花鱼、三文鱼、鲈鱼等。蒸好的鱼肉挑出刺后，还要用手捏一捏鱼肉，看里面是否还有剩余的鱼刺。

自制猪肝泥

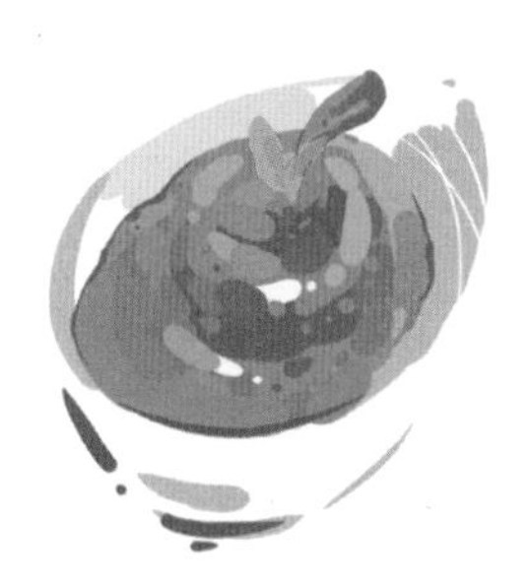

材 料

猪肝200克，生姜2片。

做 法

1. 猪肝洗净，切成薄片。
2. 将切成片的猪肝放入清水中浸泡，不断换水，去除血水后捞出。
3. 锅内放入清水、姜片，大火烧开后加入猪肝片。
4. 中火煮至猪肝完全转成白色，捞起沥净水分。
5. 将猪肝切碎，放入搅拌杯内。加入凉开水50毫升，用搅拌机搅成细腻的泥状。
6. 将搅好的肝泥再次放入小锅内，小火煮至沸腾即可。

心得分享

这个阶段的宝宝容易出现贫血，而猪肝含有丰富的铁，很适合这个年龄阶段的宝宝食用。

奶香土豆糊

材 料

土豆200克，配方奶100毫升。

做 法

1. 将土豆去皮，切成薄片，放在盘子上，放入蒸锅蒸20分钟。
2. 蒸至土豆可用筷子轻松戳烂。
3. 将土豆装入两个食品袋中，用擀面杖擀成泥状。
4. 将100毫升配方奶冲入土豆泥中，用汤匙搅拌均匀即可。

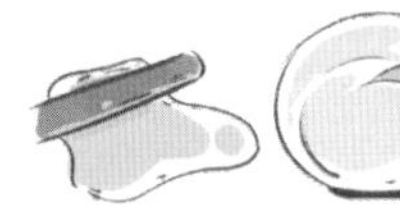

心得分享

土豆含有大量淀粉、蛋白质、维生素及钙、钾等矿物质，营养丰富又易于消化吸收，是非常适合给宝宝作辅食的食物。

香蕉吐司粥

材 料

香蕉1根，白吐司1片，配方奶粉30克。

做 法

1. 取一根熟透的香蕉及一片白吐司。用利刀将吐司片的四边切除不要，只取中间白色的部分。
2. 奶锅内倒入清水200毫升，煮开后加入白吐司块。
3. 煮至吐司变软烂后离火，加入配方奶粉拌匀。
4. 香蕉果肉用汤匙压成泥状，放在粥上即可。

心得分享

记得要用熟透的香蕉，生香蕉容易造成宝宝便秘。

菠菜肝泥粥

材料

菠菜10克，猪肝泥15克。
生姜1片，白粥1碗。

做法

1. 菠菜切去根部，洗净，小锅内烧开水，放入菠菜汆烫至熟。
2. 捞起菠菜沥干水分，切成碎末。
3. 将白粥、生姜片放入小锅内小火煮开，加菠菜碎。
4. 加入猪肝泥，煮至再次沸腾即可。

放姜片是为了掩盖猪肝的腥味，煮好后捞出即可。如果宝宝不喜欢姜的味道可以不放。

奶香蛋黄粥

材料

水煮鸡蛋1个，配方奶粉5克，白粥1碗。

做法

1. 将蛋黄取出，用宝宝辅食过滤网压成泥状。
2. 汤锅内加入白粥煮开，配方奶粉用温开水50毫升调匀，加入白粥内。
3. 关火，加入蛋黄泥拌匀即可。

宝宝在6个月末就可以添加蛋黄做辅食了，一天以一个蛋黄的量为宜。

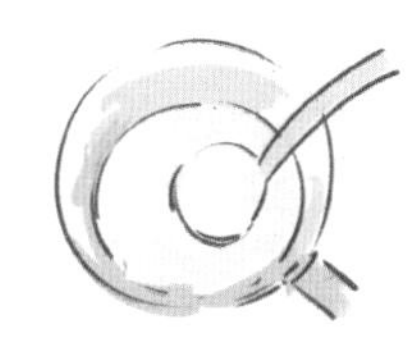

南瓜小米粥

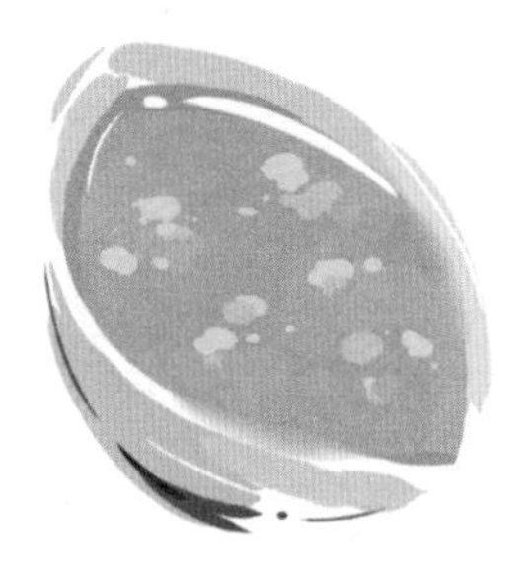

材 料

南瓜200克，小米100克。

做 法

1. 将南瓜去皮洗净，切成边长为2厘米的块。
2. 小米洗净，和南瓜块一同放入电压力锅内胆中，加入清水500毫升，按下“煮粥”键，约30分钟后跳至“保温”档。
3. 将粥里面成块的南瓜用汤匙压成泥，混合在粥里即可。

三色山药粥

材 料

小白菜1棵，胡萝卜半根。
山药50克，白粥1碗。

做 法

1. 将山药去皮，切成薄片。胡萝卜去皮，切成薄片。
2. 将山药和胡萝卜放在盘子上，上蒸锅蒸20分钟，至可以轻松用筷子插入。
3. 小白菜放入小锅内煮软，取出切碎。
4. 将山药和胡萝卜用过滤网压成泥。
5. 将山药泥、胡萝卜泥、小白菜末一同放在煮好的白粥里面即可。

蔬菜燕麦粥

材料

快熟燕麦片50克
绿叶蔬菜1棵
胡萝卜20克
生蛋黄1个

做法

1. 绿叶蔬菜洗净，切碎。胡萝卜洗净，用擦板擦成泥。
2. 锅内放入清水200毫升，加入燕麦片，大火煮开后转小火煮2分钟。
3. 将胡萝卜泥加入燕麦粥内，煮1分钟。
4. 再加入切碎的青菜末，煮1分钟。
5. 临出锅前加入蛋黄液搅拌，煮至蛋液凝固即可。

心得分享

1. 燕麦中含有非常丰富的膳食纤维和B族维生素，钙、镁、锌等矿物质的含量也很高。另外，燕麦中所含蛋白质的氨基酸组成也比较全面，8种必需氨基酸含量在谷类中均居首位。因此，燕麦是营养价值比较高的谷类，尤其适合便秘的宝宝食用。

2. 快熟燕麦片是经过加工的燕麦片，比较容易煮熟，也没有添加剂，比较适合宝宝食用。

豆腐泥玉米糊

材 料

嫩豆腐50克
胡萝卜20克
玉米面30克

做 法

1. 将豆腐压成泥状。
2. 胡萝卜去皮、切条，入汤锅加水煮至软烂，取出用过滤网压成泥状。
3. 小汤锅内放入清水1碗，加入玉米面搅拌均匀，一边用小火煮，一边用锅铲搅拌以免煳底。
4. 加入豆腐泥及胡萝卜泥，搅匀。
5. 继续用小火煮至浓稠即可。

心得分享

1. 豆腐及豆制品的蛋白质含量丰富，且属于优质蛋白质，不仅含有人体必需的氨基酸，比例也接近人体需要，营养价值较高。豆腐还含有铁、钙、磷、镁等人体必需的多种矿物质，对牙齿、骨骼的生长发育也颇为有益。

2. 胡萝卜含有丰富的胡萝卜素，有助于保护宝宝的视力、增强宝宝抵抗力。

第3节

9 ~ 10 个月宝宝喂养方案

宝宝在9 ~ 10个月时已逐渐适应母乳以外的食品。此时宝宝的牙齿也有6 ~ 8颗，胃内的消化酶日渐增多，肠壁的肌肉也发育得比较成熟。10个月的宝宝已经可以咀嚼得更细腻，可以消化较硬的食物。这个时期给宝宝煮饭，就要介于粥和软饭之间的黏稠程度。

配置宝宝食谱时，可以有意识地给一些能啃咬、较硬一点的食物，既有利于锻炼消化系统功能，又对宝宝的牙齿萌出有利。此时的宝宝饮食宜多样化，可增加一些含粗纤维的食物，对宝宝的整个消化系统都有益。餐谱中可以添加芹菜、蘑菇、洋葱等蔬菜了，去掉过粗、过老部分即可。

辅食的量宜一天两次，每次 100 ~ 120 克；还是以乳类为主，母乳或配方奶一天 3 次，每次 200 ~ 250 毫升。

蔬菜蒸蛋

材料

生蛋黄1个
胡萝卜20克
西蓝花1小朵

做法

1. 蛋黄放入碗内打散，加入一倍量的清水，拌匀。
2. 将打散的蛋液用过滤网过滤。
3. 西蓝花、胡萝卜分别切碎，放入汤锅里，加水煮软。
4. 过滤的蛋液倒入炖盅里，加入西蓝花、胡萝卜碎搅匀。
5. 将蛋盅放入蒸锅里，蛋盅上加上盖，用中火蒸8分钟即可。

心得分享

1. 西蓝花和胡萝卜都比较硬，所以要煮软后再放入蛋液中。

2. 蒸蛋的时候蛋盅上要加盖，可以防止水蒸气进入蛋液中，这样蒸出来的蛋羹才又软又滑。

什锦豆腐

材料

嫩豆腐 50克
小白菜1棵
生蛋黄1个
猪瘦肉30 克
大骨汤或清水200毫升
玉米淀粉1大匙

做法

1. 将豆腐入开水锅汆烫1分钟，捞出切成小碎块；小白菜切碎；猪瘦肉剁碎。
2. 鸡蛋黄在碗内打散。
3. 炒锅内放少许油，小火加热，放入猪肉炒至变色。
4. 加入豆腐丁及小白菜碎，翻炒几下。
5. 加入大骨汤或清水，大火烧开后转小火煮3分钟。
6. 将玉米淀粉调成水淀粉，分数次加入锅内，边加边搅拌，直至汤汁变得浓稠。
7. 缓慢淋入打散的蛋黄液。小火煮至蛋液凝固即可。

心得分享

给菜肴勾芡时，水淀粉应分次加，边加边搅拌，直至成满意的浓稠度。如果加入的水淀粉过多，会使汤糊成一团，这时要加些水，让汤变得稀一些。

银耳雪梨粥

材 料

银耳10克，雪梨100克，小米 50克。

做 法

1. 银耳提前用凉水浸泡30分钟至变软，用手撕去根部。
2. 小米淘洗干净，放入汤锅内，加入3倍的清水，小火熬制成粥。
3. 雪梨去皮、核，剁碎。银耳剁碎。
4. 将雪梨及银耳碎加入小米粥内，用小火再煮10分钟左右，至雪梨变得软烂即可。

心得分享

银耳、雪梨有滋阴降火、润肺止咳的功效，尤其适合秋冬季给宝宝吃。这个粥有甜味，宝宝也比较容易接受。

南瓜粳米粥

材 料

南瓜150克，粳米100克。

做 法

1. 将南瓜去皮，切成边长为5毫米的块。
2. 粳米洗净，放入锅内，加入清水500毫米，大火煮开后转小火熬煮约20分钟，至粥变得浓稠。
3. 将切碎的南瓜碎块放入粥内，继续用小火熬煮，至南瓜块变软即可。

心得分享

南瓜中含有南瓜多糖，常吃南瓜能够增强宝宝的免疫力。

三文鱼菜粥

材 料

三文鱼30克，菠菜2棵，生姜1片，白粥1碗。

做 法

1. 将三文鱼切小丁，菠菜洗净。
2. 锅里放入清水，放入菠菜汆烫至变软，捞出过凉水，挤干水分，切碎。
3. 锅内放入白粥，加三文鱼丁、姜片，煮至三文鱼转色。
4. 出锅前加入菠菜碎，夹出姜片即可。

心得分享

为给三文鱼去腥味，在煮粥的时候放入一小片姜，煮好后要夹出来，以免让宝宝吃到。

芹菜肉末粥

材 料

芹菜20克
猪肉末30克
白粥1碗

做 法

1. 芹菜取菜梗洗净，切碎。
2. 锅内放入白粥，加入猪肉末煮至熟。
3. 最后加入芹菜碎稍煮即可出锅。

牛肉金针菇软饭

材料

牛绞肉80克
金针菇50克
洋葱50克
小白菜30克
白米饭1碗
大骨高汤200毫升

做法

1. 金针菇、洋葱、小白菜洗净，切碎。
2. 牛绞肉放入碗内，冲入热开水，用筷子快速划散。
3. 将牛绞肉连汤汁倒入过滤网中，过滤掉血水。
4. 平底锅烧热，加入少许植物油，放入洋葱碎炒出香味。
5. 加入牛绞肉，小火炒至变色。
6. 加入白米饭、大骨高汤，大火煮开后加入切碎的金针菇、小白菜。
7. 继续煮至所有食材熟透、变软即可。

心得分享

1. 牛肉中蛋白质、铁元素含量均很高，有助于这个年龄段的宝宝预防缺铁性贫血。

2. 金针菇含有的氨基酸种类比较多，其中赖氨酸和精氨酸含量尤其丰富，含锌也较多，能够促进宝宝的智力发育，人称“增智菇”。

猪肉豆腐软饭

材料

猪瘦肉30克
嫩豆腐30克
草菇5朵
小白菜1棵
白米饭1碗
大骨高汤200毫升

做法

1. 将草菇、小白菜分别洗净、切碎，猪瘦肉剁碎，豆腐切成丁。
2. 锅内烧开水，放入草菇碎汆烫1分钟后捞起。
3. 炒锅烧热，放入肉末，小火炒出香味。
4. 加入白米饭、草菇碎和豆腐块，倒入大骨高汤，小火煮约5分钟。
5. 加入切碎的小白菜，再煮1分钟即可。

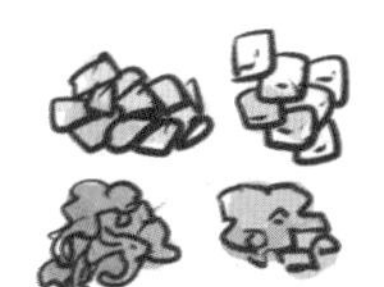

心得分享

1. 豆腐搭配肉类可以发挥食物蛋白质的互补作用，营养价值更高。
2. 草菇营养丰富、味道鲜美，能够提高宝宝的抵抗力。

番茄蘑菇软饭

材 料

番茄1个
甜玉米粒10克
蘑菇4朵
豌豆10克
白米饭1碗

做 法

1. 将番茄叉在餐叉上，放在火上烧2秒钟至表皮起皱，撕去表皮，切成丁。
2. 蘑菇洗净、切碎。玉米粒和豌豆粒加水煮10分钟。
3. 炒锅烧热，放入番茄丁、蘑菇丁炒至番茄变软。
4. 加入煮过的豌豆及玉米粒。
5. 放入白米饭，加入清水，水量没过所有材料。
6. 大火煮开后转小火，焖煮10分钟至水分即将收干即可。

心得分享

豌豆不易熟，如果煮的时间不够会很硬，所以在这里要把豌豆和玉米先煮 10 分钟，再放在米饭里。

番茄鸡蛋面

材 料

番茄1个
香葱1根
鸡蛋1个
面条100克
玉米淀粉2小匙

做 法

1. 将番茄洗净、去皮，切成小块。香葱洗净，切成碎末。
2. 鸡蛋磕入碗内，打散成蛋液。
3. 汤锅里烧开水，放入一束宝宝面，煮至熟软，盛出。
4. 平底锅烧热，加入油烧热，倒入鸡蛋液，将鸡蛋液炒成松散的蛋块。
5. 炒锅烧热，放少许油，下番茄块炒软，再加入清水50毫升，小火煮至番茄软烂。
6. 加入炒好的鸡蛋块，将玉米淀粉加清水调匀制成水淀粉，倒入锅内。
7. 煮至酱汁浓稠，淋在面条上即可。

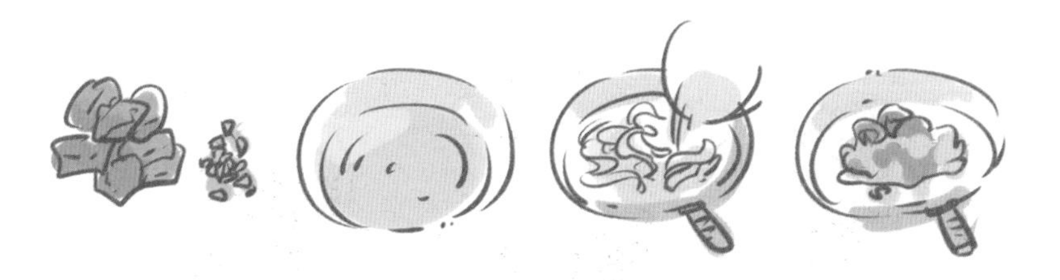

心得分享

建议给宝宝吃婴儿辅食营养面条，因为它跟普通面条之间不仅仅是长短粗细的区别。宝宝专属面条加了多种维生素和矿物质，营养更全面，而且不加盐。普通面条里含盐量都很高，不适合宝宝食用。

菠菜面片汤

材 料

菠菜2棵
小番茄1个
猪绞肉30克
面粉100克

做 法

1. 先将面粉加水揉成面团，放盆中醒面。
2. 菠菜择去根部，洗净，焯水，切碎。
3. 番茄在火上烧一下，去掉表皮，切成小丁。
4. 面团醒好后擀成薄片，用刀切成1厘米大小的小面片。
5. 炒锅烧热，加少许油，放入猪绞肉，炒至变色。
6. 再加入番茄丁，炒至变软。
7. 锅中加入适量水烧开，加入面片煮熟。
8. 加入菠菜碎，再次煮开即可。

心得分享

菠菜中含有较多的草酸，会跟其他食物中的钙结合生成草酸钙，影响人体对钙的吸收。因此，给宝宝做饭用到菠菜时，要先焯水。

番茄鸡蛋疙瘩汤

材 料

面粉100克
小番茄1个
青江菜1棵
鸡蛋1个
香油1小匙

做 法

1. 番茄洗净、去皮，切成小丁。青江菜洗净、切碎。
2. 面粉放入碗内，慢慢倒入清水，一边倒一边快速用筷子搅拌，将面粉搅成棉絮状的面疙瘩。
3. 汤锅内倒水烧开，放入搅拌好的面疙瘩，煮至面疙瘩转为透明。
4. 加入切好的番茄丁，煮约3分钟至番茄丁变软。再加入青菜碎煮约1分钟。
5. 鸡蛋磕入碗中，打散成蛋液，淋入汤内。
6. 开锅后淋入香油即可。

心得分享

做面疙瘩的时候，水不要一次倒下去，也不要只倒一个位置，而是尽量让每一块的面粉都淋到水，并且一边倒一边用筷子快速搅拌。

奶香小馒头

材 料

中筋面粉250克
鲜奶125克
酵母粉2.5克
白砂糖25克

做 法

1. 将酵母粉、白砂糖放入鲜奶中搅匀，静置5分钟至酵母粉和白糖化开。
2. 将鲜奶分次倒入面粉中。
3. 一边倒一边用筷子迅速搅拌成雪花状。
4. 用手将面粉和成团，提到案板上反复搓揉成光滑的面团，放入涂了一层油的小盆中，盖上保鲜膜，放置温暖处发酵。
5. 发酵至面团体积变成原先的两倍大。
6. 案板上撒上干面粉，将面团擀成长方形面片。
7. 将面片左右叠成三层。
8. 再次将面片擀开，表面刷上一层清水。
9. 将面片由上往下卷起，卷成圆筒状。
10. 用刀切成小段，即成馒头生坯。
11. 将馒头生坯底部垫蒸笼纸，均匀放入蒸屉中（或在蒸屉上刷一层油，放上馒头），加盖醒发15~20分钟。
12. 冷水上蒸笼，盖好盖，蒸20分钟。
13. 蒸好的馒头不要马上揭开锅盖，熄火后要等3~5分钟，待蒸汽稍散后再打开锅盖。

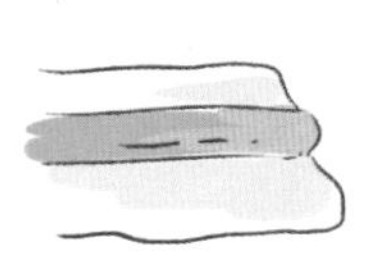

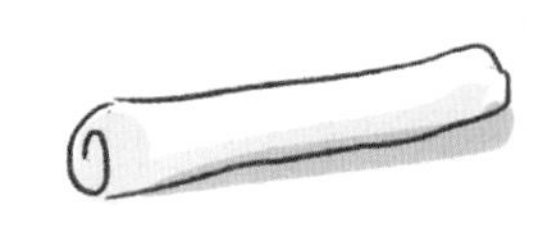

心得分享

制作馒头的加水量一般是面粉量的 1/2，有的面粉吸水性强，可能要多放 10% 的水分。

11 ~ 12 个月宝宝喂养方案

这个时期的宝宝大多长出 8 颗牙，无法用舌头磨碎的食物，会推到左右两侧用牙龈咀嚼。辅食的选择也越来越多，软饭、馒头、包子、饺子都可以。做辅食时要把食物切成小块，做得软嫩一点，不要放盐、白糖。

宝宝在 1 周岁左右已经开始学习行走了，活动量相对增多，对营养的需求量也加大。辅食要由少量添加逐步过渡到每天两餐，到周岁时达到三餐。这个阶段宝宝的膳食，要尽可能安排得多样化一些，荤素搭配，粗细粮交替，保证每天都能够摄入足量的蛋白质、脂肪、糖类以及维生素、矿物质等营养素。每天两次奶，每次约 250 毫升，三餐饭（和大人同时进餐），共五餐。这五餐之间，可吃些水果或小点心。

木耳瘦肉粥

材 料

水发黑木耳1朵
猪瘦肉20克
青菜1小棵
胡萝卜20克
白粥1碗

材 料

1. 黑木耳提前1小时用凉水泡发，剪去根蒂部分，用牙刷洗净表面的灰尘。青菜、胡萝卜分别洗净。
2. 将猪瘦肉剁成泥，胡萝卜、黑木耳、青菜分别剁碎。
3. 汤锅放入少许油烧热，放入猪肉末炒出香味。
4. 加青菜、胡萝卜、黑木耳碎炒香，加清水50毫升，小火煮至所有材料变软。
5. 加入白粥，再次煮开即可。

心得分享

黑木耳含有丰富的膳食纤维及钙、镁、铁等矿物质，营养价值很高。木耳中的膳食纤维有促进肠道蠕动、加快有毒物质排出的作用，尤其适合便秘的宝宝食用。另外，木耳中还含有木耳多糖，能够增强宝宝的抵抗力。

山药鱼泥粥

材料

乌头鱼1小段
山药20克
嫩芹菜1小棵
生姜2片
白粥1碗

做法

1. 山药去皮、洗净，切成薄片。芹菜洗净、切碎。乌头鱼洗净。
2. 乌头鱼和山药片放盘中，放入烧开的蒸锅屉上加盖，大火蒸至完全熟透。
3. 将蒸好的鱼去皮，用筷子小心地取出鱼肉，撕成小块备用。
4. 将蒸好的山药块放在过滤网上，用汤匙压扁，滤出山药泥。
5. 白粥放入小锅内，加入姜片，用小火熬煮5分钟左右。
6. 加入山药泥、芹菜碎及鱼肉稍煮即可。

心得分享

可以选用黄花鱼、乌头鱼、三文鱼等鱼刺不多的鱼来煮粥。挑完刺后要用手捏一下鱼肉，看里面是否有没挑完的刺。

菠菜蛋脯

材 料

菠菜40克
胡萝卜10克
鸡蛋2个

做 法

1. 锅内烧开水，放入菠菜汆烫至软，捞出切碎。胡萝卜洗净、切碎。
2. 鸡蛋磕入碗内，用筷子打散成蛋液。
3. 将菠菜碎及胡萝卜碎放入蛋液中搅匀。
4. 平底锅烧热油，倒入蛋液摊匀，待蛋液表面凝固后翻面，再煎香另一面即可。

心得分享

倒入蛋液后，菠菜会堆成一团，这时要用筷子尽快拨开，让其均匀地摊在蛋液里，煎出来的成品才美观。

鸡蛋蒸肉酱

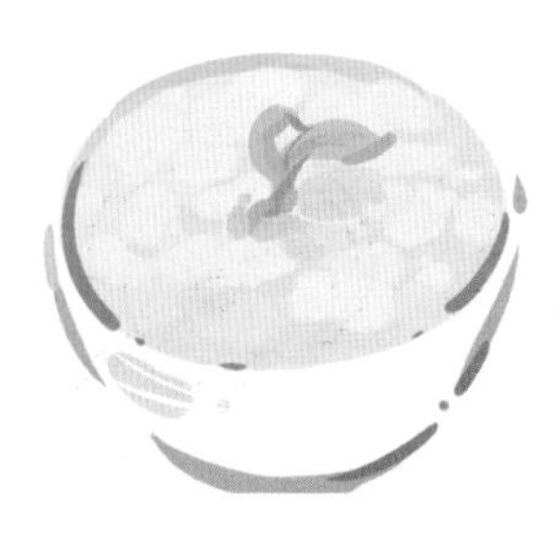

材 料

鸡蛋1个
猪绞肉100克
大骨高汤30毫升

做 法

1. 取新鲜猪绞肉100克放在碗里。
2. 磕入鸡蛋，搅拌均匀。
3. 加入大骨高汤拌匀，放入烧开水的蒸锅中。
4. 加盖，中火蒸20~25分钟，具体蒸制的时间会随碗的大小厚薄稍有差别。

心得分享

在蒸肉里加入高汤可以使肉更滑嫩，但是加的量不能太多，否则肉酱就无法凝固。

肉末烧茄子

材 料

长茄子1条
猪绞肉50克
大蒜1瓣
玉米淀粉2小匙

做 法

1. 将茄子洗净、切去蒂把，先切成长条，再切成小丁。大蒜切成末。
2. 茄丁装盘中，放于蒸锅上，大火蒸8分钟至茄丁变软。
3. 平底锅加少许油烧热，放入蒜末炒香。
4. 加入肉末炒至变色。
5. 放入茄丁翻炒。
6. 玉米淀粉加清水2大匙调匀成水淀粉，倒入锅内，烧至浓稠即可。

番茄烧豆腐

材 料

番茄1个
豆腐1块
香葱1根
玉米淀粉2小匙

做 法

1. 番茄上划十字刀口，放入开水锅中，再放入豆腐，大火煮至水开。
2. 将葱分开葱白、葱绿，分别切碎。番茄去皮，切块。豆腐切块。
3. 炒锅放少许油烧热，放入葱白粒炒出香味，放入番茄块翻炒。
4. 锅内倒入清水，使水没过番茄块，大火烧开后转小火煮至番茄软烂。
5. 加入豆腐块，小火煮开。
6. 玉米淀粉加2大匙清水在碗内调匀制成水淀粉，分数次倒入锅内。
7. 继续小火煮至汤汁变得浓稠，出锅前撒上葱花即可。

蔬菜肉丸

材料

猪肉180克
甜玉米粒30克
胡萝卜20克
豌豆20克
玉米淀粉1/2大匙
芝麻香油 1小匙

做法

1. 豌豆先用沸水氽熟，胡萝卜切成丁，甜玉米粒洗净。
2. 猪肉切成小块，用搅拌机绞成泥状。
3. 猪绞肉中加入玉米淀粉，用筷子顺一个方向搅拌至肉泥起胶。
4. 肉泥中加入豌豆、胡萝卜粒、玉米粒，用筷子拌匀，再加入芝麻香油拌匀。
5. 用手将蔬菜肉泥挤成大小一致的肉丸，摆放在盘子上。
6. 蒸锅上烧开水，摆上肉丸，加上锅盖，用旺火蒸20分钟即可。

心得分享

1. 给孩子吃的肉类不要太肥腻，最好选用三分肥七分瘦的猪肉。在绞肉前把肉切成小块。

2. 做这道菜的玉米粒最好选用新鲜的甜玉米，老玉米少了那份香甜味，而且不易熟。

三色鸡蓉羹

材料

鸡腿1只
嫩豌豆30克
番茄50克
玉米淀粉2大匙
清水4大匙

做法

1. 鸡腿去骨取肉，切成小块。番茄切成小块。
2. 用搅拌机将鸡肉搅成泥状，备用。
3. 锅内注入500毫升清水，放入嫩豌豆，煮至水开后改小火煮5分钟。
4. 加入番茄丁煮至水开，熄火，将鸡肉一点点用筷子拨入锅内。
5. 鸡肉全部拨入锅内，再开大火煮至水开。
6. 玉米淀粉加清水调成水淀粉。慢慢倒入水淀粉搅匀，煮至浓稠即可。

心得分享

1. 豌豆要选嫩的，即颜色偏绿的。

2. 下鸡蓉的时候要把火熄掉再下，这样更容易定型。

3. 做汤羹加入的水淀粉量要比炒菜多，感觉汤不够浓的话可以继续加一些水淀粉。

虾仁豆腐羹

材料

蘑菇、鲜虾、黄瓜各30克
豆腐50克
番茄20克
玉米粒20克
玉米淀粉2大匙
生姜1块

做法

1. 将鲜虾撕去外壳，用利刀在虾背上割开一刀，取出虾线。姜切丝。
2. 姜丝加1匙水抓捏片刻成姜汁。鲜虾加少许姜汁拌匀，腌制10分钟。
3. 蘑菇、黄瓜、番茄、豆腐分别切成丁。
4. 汤锅内烧开水，放入蘑菇丁和豆腐丁汆烫2分钟，捞起备用。
5. 重新在汤锅内烧开水，放入蘑菇丁和豆腐丁，加入虾仁煮至水开。
6. 加入黄瓜丁、番茄丁、玉米粒，煮至水开，转成小火。
7. 淀粉加4大匙清水制成水淀粉，分次淋入汤中，边煮边搅，至汤汁变稠。

心得分享

无论是海虾还是河虾，都含有非常丰富的蛋白质和钙、镁、钾、钠、磷等矿物质，营养价值很高。且虾仁肉质鲜美，很适合宝宝吃，只要宝宝对虾不过敏，就可以经常食用。

鸡肉蔬菜软饭

材 料

鸡胸肉20克
胡萝卜20克
洋葱20克
芹菜10克
大骨汤200毫升
白米饭1碗

做 法

1. 洋葱、胡萝卜分别洗净，切碎。芹菜择去叶，洗净，切碎。
2. 鸡胸肉洗净，剁碎。
3. 炒锅内放少许油烧热，放入洋葱碎炒出香味。
4. 加入鸡肉及胡萝卜丁翻炒，炒至鸡肉变色。
5. 加入白米饭及大骨汤，汤量要没过米饭，大火煮开，转小火煮10分钟。
6. 最后再加入芹菜碎，煮约1分钟即可。

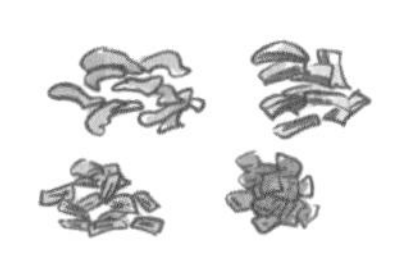

心得分享

鸡肉肉质细嫩、味道鲜美，且富含优质蛋白质、脂肪、矿物质等营养素，是很适合宝宝食用的肉类。但是由于养殖过程中使用抗生素等问题，很多妈妈对鸡肉心存芥蒂。只要从正规渠道给宝宝挑选检疫合格的鸡肉，还是可以放心给宝宝吃的。

糊塌子

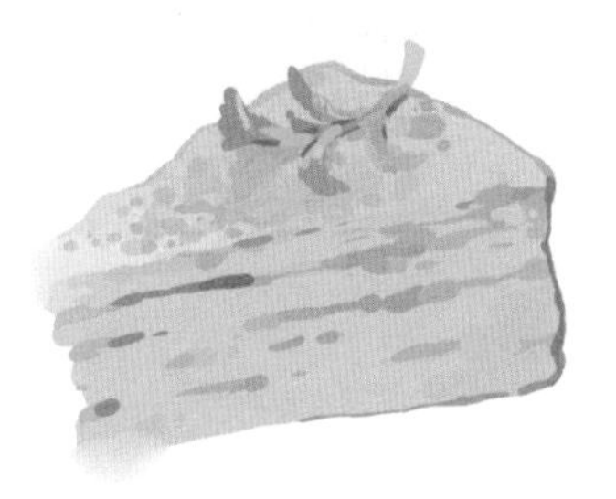

材 料

西葫芦（茭瓜）1个
面粉100克
鸡蛋1个
盐1/4小匙

做 法

1. 西葫芦洗净，用擦子擦成粗丝。
2. 西葫芦丝放入盆内，加入盐拌匀，腌制20分钟。
3. 腌至西葫芦丝出水变软，取出，挤掉一半的水分。
4. 打入一个鸡蛋。
5. 再加入面粉，搅匀。
6. 平底锅不要烧热，先涂一薄层油，舀入西葫芦面糊。
7. 将西葫芦面糊摊开成圆饼形，开小火慢慢煨至面糊凝固。
8. 翻面，再将饼煎至有些焦黄色即可。

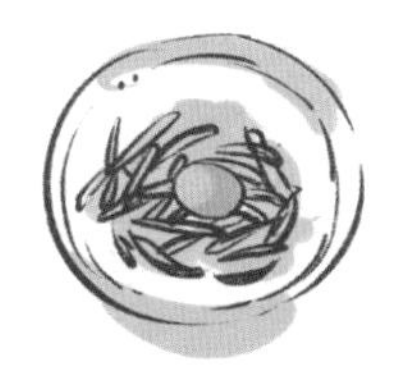

心得分享

西葫芦是含钙量比较高的一种蔬菜，很适合给宝宝吃。这道糊塌子营养丰富，做起来也很简单，可以给宝宝作早餐。

元宝云吞

材料

猪绞肉150克
香葱2根
云吞皮适量
玉米淀粉2小匙
芝麻香油1大匙
紫菜10克
虾皮5克

做法

1. 猪绞肉中加玉米淀粉和切碎的香葱，用筷子顺一个方向搅至起胶，成肉馅。
2. 云吞皮平摊开，放入一小块肉馅。
3. 将云吞皮向上对折，蘸点水，捏紧。
4. 将左右两边的角向内对折，蘸水捏紧。
5. 将云吞皮向外翻开，成元宝状。
6. 虾皮和紫菜分别加水浸泡10分钟，洗净备用。
7. 汤锅内烧开水，下云吞，盖锅盖，中火煮开。
8. 加入一次清水，再次加盖煮开。
9. 最后加入紫菜、虾皮煮开，出锅前淋入香油即可。

心得分享

1. 煮云吞的时候要加一次冷水，才能把肉馅煮透。如果不加冷水，一直用开水煮，可能会把外面的皮煮破而肉馅还不熟。如果云吞冷冻过，煮时就要加两次水。

2. 煮好的云吞内部会很烫，要先从汤里把云吞捞起来，盛在碗内放温才能给宝宝吃。

西红柿鸡蛋饺子

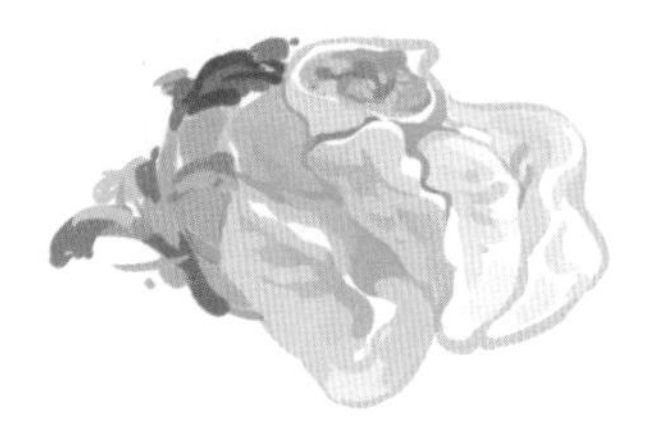

材 料

西红柿200克
鸡蛋2个
高筋面粉120克

做 法

1. 面粉中慢慢倒入清水，一边倒一边用筷子快速搅匀。
2. 用手和成光滑的面团，放入盆内，盖上保鲜膜，静置20分钟。
3. 西红柿顶端切十字刀口，用餐叉叉住蒂部，在炉火上烧至破皮，将表皮撕去。
4. 将西红柿切成瓣状，去籽，果肉剁成碎块。
5. 剁好的西红柿馅倒入漏勺，放置在盆内静置，控去部分汁液。
6. 鸡蛋在碗内打散，平底锅放少许油烧热，倒入蛋液炒熟。
7. 西红柿碎和鸡蛋拌匀，并再次剁碎。
8. 和好的面团搓成长条状，用利刀切成面剂子。
9. 将面剂子用手按扁，用擀面杖擀成薄的圆形面皮。
10. 取适量馅放在饺子皮上，将皮捏紧成饺子生坯。
11. 汤锅内烧开水，放入饺子生坯，加盖煮至水开。
12. 加入一碗清水，再次加盖煮至水开。
13. 见饺子全部浮在水面上时捞起即可。

第3章

1～2岁宝宝营养餐

1~2 岁宝宝喂养方案

1 岁以后宝宝进入幼儿期，大部分宝宝在这个时期断奶，饮食的内容和形式都发生了很大变化。这时应从以乳类为主食逐渐过渡到半固体、固体饮食，食物品种也越来越多样化。但此时宝宝的咀嚼功能和胃肠消化能力还未健全，还是不能让宝宝和大人一样吃饭。

1 岁以后，宝宝的生长速度下降，对食物的需要量也随之减少。如果爸爸妈妈发现宝宝吃得比以前少了，也不必过度担心。有时宝宝会出现对某种食物不感兴趣，这时爸爸妈妈一定不要强迫宝宝吃，否则容易引起宝宝厌食。

这个时期宝宝的饮食还是要细、软、碎、烂，辛辣、油腻食品不能给宝宝吃。烹调时应注意色、香、味、形，多变换花样，刺激宝宝的食欲。宝宝除了一日三餐外，两餐之间还要加水果、点心，400 ~ 500 毫升的奶也是不可缺少的。

从现在起就要培养宝宝的良好饮食习惯，吃饭要专心，不能边吃边看电视或边玩边吃；吃饭要定时定量，不能只吃零食；吃饭要细嚼慢咽，不能狼吞虎咽。宝宝的模仿能力强，所以，爸爸妈妈要做好榜样，只要求孩子而自己不身体力行是没用的。

这个时期的宝宝完全可以自己用勺吃饭，千万不要因为怕孩子弄脏衣服或吃 不饱就一直喂饭。错过了培养孩子自理能力的时机，会让后面的喂养更加困难。

莴笋拌胡萝卜

材 料

主料	调味料
莴笋200克	盐1/4小匙
胡萝卜100克	芝麻香油1大匙
水发黑木耳50克	

做 法

1. 黑木耳用凉水浸泡半小时至涨发，用牙刷将表面的灰尘刷洗干净。
2. 将黑木耳、莴笋及胡萝卜切成细丝。
3. 平底锅加水烧开，放入莴笋丝、胡萝卜丝焯烫3分钟，放入黑木耳丝再烫2分钟。
4. 捞起沥净水分。
5. 将材料放入碗内，加入盐、芝麻香油拌匀即可。

芹菜炒豆干

材 料

芹菜3根
五香豆干3块

做 法

1. 芹菜切去根部，择去菜叶，洗净、切碎。豆干切碎。
2. 平底锅放油烧热，放入豆干，小火翻炒2分钟。
3. 放入芹菜，再翻炒2分钟即可。

心得分享

五香豆干中本身就有盐，所以炒这道菜时就不要再加盐了。虽说宝宝1岁后可以吃盐了，但也要注意控制食盐的摄入量。给宝宝养成低盐饮食的好习惯对他的健康有益。

番茄炒菜花

材 料

番茄60克
菜花100克
盐1/4小匙

做 法

1. 将菜花放在淡盐水中泡5分钟，然后用流水洗净。
2. 番茄用餐叉插上，放在炉火上转圈，烧约30秒钟，至表皮起皱，剥去表皮。
3. 番茄切成小丁，菜花切成小块。
4. 烧开一锅水，放入菜花煮约5分钟，至菜花变得软烂，捞起备用。
5. 平底锅放少许油烧热，加入番茄丁，用小火翻炒约1分钟。
6. 加入清水没过番茄，大火煮开后转小火煮至番茄软烂。
7. 加入煮过的菜花，调入盐，翻炒均匀即可。

心得分享

1. 菜花容易残留农药，还易生菜虫，将其放在盐水里浸泡几分钟，可去除残留农药和菜虫。

2. 菜花含有丰富的维生素、矿物质和生物活性物质，能够促进宝宝生长发育，提高宝宝抵抗力。

蜜汁烧萝卜

材料

主料	调味料
胡萝卜200克	白砂糖1大匙
大蒜2瓣	盐1/4小匙

做法

1. 胡萝卜削去表皮，切成滚刀块。大蒜去皮切成片。
2. 炒锅放少许油，下入蒜片炒出香味。
3. 加入胡萝卜块和调味料，倒入50毫升清水。
4. 大火煮开后转小火，盖上锅盖焖煮。
5. 煮至锅内的水烧干，盛出即可。

心得分享

胡萝卜含有丰富的胡萝卜素，可以在体内转化成维生素A，能够促进宝宝视力与骨骼的发育。

肉末炒四季豆

材料

主料	调味料
四季豆150克	盐1/4小匙
胡萝卜100克	芝麻香油少许
猪绞肉120克	生姜1小片
	大蒜1瓣

做法

1. 将四季豆的粗茎撕去，大蒜去皮，生姜去皮，胡萝卜去皮，洗净备用。
2. 四季豆切小段，胡萝卜切成丁，生姜、大蒜切片。
3. 平底锅内加入少许水，放入猪绞肉小火煮开。
4. 煮至锅内的水分变干，加入姜片、蒜片、少许植物油炒出香味。
5. 加入四季豆和胡萝卜丁，调入盐，再加入2大匙水，盖上锅盖焖煮一会儿。
6. 煮至四季豆完全熟透后，淋入少许香油即可出锅。

圆白菜炒米粉

材料

主料	调味料
圆白菜100克	盐1/2小匙
胡萝卜50克	生抽2小匙
水发香菇2朵	玉米淀粉1小匙
鸡蛋1个	
猪瘦肉50克	
米粉150克	

准备工作

圆白菜洗净。香菇用温水浸泡1小时至软。鸡蛋打散成蛋液，用平底锅摊成蛋皮。米粉用凉水浸泡30分钟至软。

做法

1. 圆白菜、胡萝卜、蛋皮、猪肉、香菇分别切丝。
2. 猪肉丝加生抽、淀粉、植物油拌匀，腌10分钟。
3. 炒锅内放油烧热，放入香菇丝炒出香味。
4. 下胡萝卜丝、圆白菜丝，加盐1/4小匙调味。
5. 翻炒至圆白菜变软。
6. 将腌好的猪肉丝放入锅内，小火炒至变色，盛出备用。
7. 炒锅放1大匙油烧热，放入米粉，加入剩余盐，再加2大匙清水炒约2分钟。
8. 加入事先炒好的配菜及蛋皮丝，将所有原料翻炒均匀即可。

这道炒米粉营养比较全面，蔬菜、肉、蛋、米粉都有，囊括了宝宝每日所需的各类营养素。一般做这道米粉会放比较多的油和盐，给宝宝的话就要少放油、盐，尽量清淡一些。

白菜肉丸粉丝汤

材料

主料

猪肉150克
白菜心1棵
绿豆粉丝50克
香葱1根
生姜1片

肉丸调味料

盐1/4小匙
玉米淀粉1大匙
芝麻香油1大匙

煮汤调味料

盐1/2小匙

做法

1. 将绿豆粉丝提前用凉水浸泡30分钟至软。生姜剁成姜泥。香葱切成末。
2. 白菜心一张张剥开叶片洗净，分开菜叶和菜帮，切成小片状。
3. 选三分肥七分瘦的猪肉，先切成小块，再放入搅拌机内打成肉泥。
4. 肉泥加盐、玉米淀粉、姜泥、葱末、香油，用筷子顺一个方向搅拌至起胶。
5. 汤锅内烧开一锅水，放入白菜帮先煮约5分钟至变软。
6. 再加入菜叶，煮约3分钟。
7. 用手将搅好的肉泥挤成丸子，用汤匙将肉丸子放入汤锅中。
8. 加盐调味，煮至肉丸变白色后加入泡过的粉丝，煮约3分钟即可。

心得分享

1. 给宝宝吃白菜宜选菜心，容易消化。煮白菜时要先煮硬的菜帮，再煮易熟的菜叶。

2. 粉丝稍煮后容易吸收汤水，所以下锅后不宜久煮，出锅后要尽快食用。

3. 如果有大骨高汤代替清水煮汤，味道会更鲜美。

冬瓜排骨汤

材 料

主料	调味料
冬瓜500克	盐适量
排骨500克	
生姜1片	

材 料

1. 冬瓜切去表面厚皮，掏去里面的瓜瓤，洗净，切成边长为3厘米的小方块。排骨洗净，斩成小块。
2. 汤锅加水烧开，放入排骨，再次煮至水开，捞起用流动水冲洗干净。
3. 汤锅里重新注入清水，加入排骨，大火烧开后改小火煮30分钟。
4. 放入冬瓜块煮约30分钟，加入盐调味即可。

红白豆腐汤

材 料

主料	调味料
猪血150克	盐1/2小匙
嫩豆腐150克	玉米淀粉1大匙
蛋皮1张	生姜2片
	香葱1根
	香菜1根

做 法

1. 猪血、嫩豆腐切成大小一致的块，香葱、香菜切碎，蛋皮切丝。玉米淀粉加30毫升清水调匀成水淀粉。
2. 汤锅内烧开一锅水，放入猪血块、嫩豆腐块煮至水开，捞起沥净水分备用。
3. 汤锅内重新烧开一锅水，放入烫过的猪血及豆腐，加姜片，分次加入水淀粉，边煮边搅拌，直至浓稠适度。
4. 加入盐、蛋皮、葱花、香菜碎，即可起锅。

肉松饭团

材料

菠菜20克
胡萝卜20克
煮熟的鸡蛋1个
米饭1碗
自制肉松20克

做法

1. 将菠菜洗净，切去根部。小锅内烧开水，将菠菜烫熟，捞出备用。
2. 将胡萝卜切片，放入开水锅内，小火煮5分钟至软。
3. 将熟鸡蛋中的蛋黄取出，用汤匙压成泥。菠菜及胡萝卜切碎。
4. 米饭分别放入3只小碗中，再分别加入3种材料拌匀。
5. 取一张保鲜膜，平铺上菠菜米饭，在中间放上肉松。
6. 用手将保鲜膜收拢，做成团状即可。
7. 加了蛋黄和胡萝卜的米饭分别用相同的方法做成饭团即可。

心得分享

这个年龄段的宝宝容易出现厌食、挑食的情况，爸爸妈妈经常会担心宝宝吃不饱。与其追着喂饭，不如在做饭上多用心。食材还是那些，但换个花样，就会带给宝宝新奇感，让他爱上吃饭。

三文鱼炒饭

材 料

主料
三文鱼50克
胡萝卜50克
水发香菇3朵
芹菜2根
香葱2根
鸡蛋1个
米饭1碗

调味料
盐1/2小匙
生姜汁少许

做 法

1. 将三文鱼、胡萝卜分别切成细丁，水发香菇去根切碎，芹菜切碎。香葱分开葱白、葱绿，切成细丁。
2. 三文鱼丁放碗中，加少许盐、生姜汁拌匀，腌制10分钟。
3. 炒锅置火上，放油烧热，放入三文鱼丁炒至变色，盛出备用。
4. 将葱白粒、胡萝卜丁、香菇丁放入锅内炒出香味，盛出备用。
5. 鸡蛋磕入碗内，用筷子打散成蛋液，淋入再次烧热的炒锅内。
6. 用饭铲将蛋液炒散成小块状。
7. 加入白米饭炒至松散，加盐调味。
8. 加入事先炒好的三文鱼丁、香菇丁、胡萝卜丁翻炒均匀。
9. 临出锅前加入芹菜粒及葱花，拌匀即可。

心得分享

1. 三文鱼有些腥味，为了给鱼块去腥，最好挤一些姜汁先腌制片刻。

2. 芹菜可以给饭菜增加香气，但需注意不要过早放入，临出锅前再放口感更爽脆。

3. 三文鱼富含蛋白质、脂肪及矿物质，而且肉质鲜美、刺少，特别适合宝宝吃。而且，三文鱼中富含的不饱和脂肪酸能够促进宝宝神经系统的发育，营养价值很高。

木耳肉丝炒饭

材料

主料

水发黑木耳3朵
猪瘦肉50克
胡萝卜30克
芹菜2根
白饭1碗

腌肉料

生抽1/2大匙
玉米淀粉2小匙
植物油2小匙

调味料

盐1/4小匙

做法

1. 水发黑木耳洗净，切细丝。猪肉、胡萝卜、芹菜分别切细条。
2. 用生抽、玉米淀粉、植物油将猪肉丝拌匀，腌制10分钟。
3. 炒锅加油烧热，放入猪肉丝炒至变色，盛出。
4. 炒锅加少许油烧热，放入胡萝卜丝、黑木耳丝和少许盐，炒至胡萝卜丝变软。
5. 加入芹菜丝翻炒均匀。
6. 加入白米饭、盐1/4小匙，炒至松散。
7. 临出锅前加入事先炒好的猪肉丝。
8. 最后将饭菜炒匀即可。

心得分享

1. 泡发木耳时用凉水，泡好后较爽脆。
2. 炒肉丝时不要炒太长时间，否则宝宝不容易嚼烂。

菜丝煎饼

材料

土豆150克
胡萝卜100克
芹菜2根
鸡蛋1个
面粉50克
盐1/2小匙

做法

1. 土豆、胡萝卜分别去皮，切成2毫米粗细的丝。芹菜取茎，切细丝。
2. 土豆丝、胡萝卜丝、芹菜丝放碗内，加盐拌匀，放置腌制20分钟，直至菜丝变软。
3. 将一个鸡蛋打入菜丝内搅拌均匀。
4. 再加入面粉拌成糊状。
5. 平底锅放少许油，先不开火，倒入适量菜面糊，摊开成小圆饼状。
6. 开小火煎至定型，翻面。
7. 煎至两面呈金黄色即可。

心得分享

1. 土豆和胡萝卜切丝的时候不要切太粗，不然不容易熟。切好的丝必须先用盐腌至变软，才好用来做饼。

2. 摊开的饼不要太厚，否则两面都煎煳了，里面还没有熟。

香甜南瓜饼

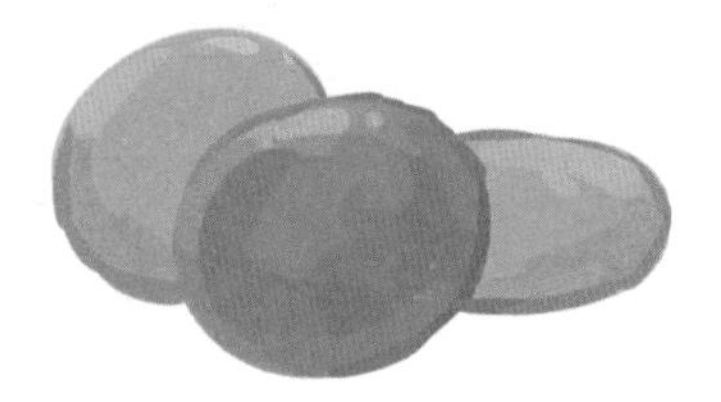

材料

南瓜适量
糯米粉100克
白糖40克

做法

1. 南瓜洗净，去皮、瓤，切小块。
2. 将南瓜块放入盘中，上蒸锅，加盖，蒸20分钟至软烂。
3. 用网筛过滤南瓜泥。
4. 过滤好的南瓜泥称出100克的量，趁热将白糖加入南瓜泥内拌匀。
5. 再加入100克糯米粉混合均匀。
6. 和成光滑不粘手、柔软如耳垂的面团。
7. 将面团搓成长条状。
8. 用利刀将面团切成均匀的小段。
9. 将面团逐个搓成圆球状。
10. 用双手将圆球按扁成5毫米厚的饼。
11. 平底锅放少许油烧热，放入南瓜饼用小火煎。
12. 煎至一面定型后翻面，往锅内加入2汤匙清水。
13. 盖上锅盖，焖约1分钟至水干。
14. 再翻一次面，将两面煎至金黄上色即可。

心得分享

1. 南瓜含水量不同，所需要的糯米粉量也不同，有可能会增减10克左右，要根据实际情况调整。

2. 过滤过的南瓜泥更加细腻可口，如果时间匆忙，不过滤也是可以的。

3. 砂糖要趁热加入南瓜泥内拌匀，比较容易化开。

土豆鱼饼

材料

主料
白吐司2片
鸡蛋1个
土豆100克
三文鱼100克
葱花10克
红椒圈少量

腌鱼料
生姜汁少许
盐1/8小匙

调味料
盐1/4小匙
炒香白芝麻适量

做法

1. 将白吐司表皮剥除，剪成小块状。
2. 鸡蛋打散，放入吐司块浸泡5分钟，用筷子搅拌成泥状，使之变成团。
3. 土豆去皮，切成小块，放入微波专用碗中，加盖，高火加热5分钟至熟。略放凉后将土豆装入食品袋中，用擀面杖擀成泥状。
4. 三文鱼切成小块，用生姜汁和盐拌匀，腌制10分钟。
5. 平底锅倒油烧热，加入三文鱼丁炒至变色，盛出备用。
6. 浸好的吐司块和薯泥、葱花、盐、炒香白芝麻一起搅拌成团。
7. 最后再加入炒好的三文鱼丁，用手抓捏均匀，不要用筷子拌，以免鱼肉散开。
8. 双手戴一次性手套，将食材先搓成球状，再按扁成饼状，在表面粘上红椒圈做装饰。
9. 锅内倒少许油，烧至六成热，放入做好的鱼饼，小火煎至底部金黄色，再转正面煎至微上色即可。

心得分享

这道鱼饼营养丰富，还可以让宝宝自己拿着吃，锻炼宝宝的动手能力。需要提醒的是，给宝宝做饭还是要本着清淡的原则，煎鱼饼的时候别放太多油。出锅后掰开凉一会儿再给宝宝吃，以免烫到宝宝。

葱花鸡蛋薄饼

材料

鸡蛋2个
香葱3棵
清水210毫升
中筋面粉100克
盐1/4小匙
植物油1小匙

做法

1. 香葱洗净，切葱花备用。
2. 鸡蛋磕入碗内，用筷子搅拌成蛋液。
3. 蛋液中缓缓冲入清水，边冲边用筷子搅匀，再加入盐及植物油拌匀。
4. 将面粉倒入蛋液中，用打蛋器搅拌均匀，成可以流淌的面糊状。
5. 加入切好的葱花，再用打蛋器搅拌均匀，不要有面粉结块的现象。
6. 平底锅倒入植物油1小匙，先不要加热，舀起1汤匙面糊淋入锅内。
7. 迅速转动平底锅，将面糊摊在锅底成圆饼状。
8. 锅置火上，小火加热至面糊凝固，翻面，用小火煎至两面都焦黄上色，取出切件即可。

心得分享

1. 制作鸡蛋饼的材料很简单，所用时间也少，很适合给孩子当早餐或是作为下午的加餐。

2. 喜欢鸡蛋香味的可加大鸡蛋用量至 3 个，同时水量减少 50 毫升。

3. 调面糊时要尽量把面粉调匀，不要有结块。调好的面糊稠度以能拉出一条粗的直线为宜，太浓稠的话不易摊开成饼；太稀又不易成形，煎起来容易破。

鲜奶南瓜汤圆

材料

汤圆材料
南瓜200克
糯米粉100克
白糖30克

汤底材料
鲜奶250毫升

做法

1. 将南瓜去皮切成小块，上蒸锅，加盖蒸20分钟至软烂。
2. 用网筛过滤南瓜泥，称出100克，趁热加入白糖拌匀。
3. 再加入100克糯米粉混合均匀。
4. 和成光滑不粘手、柔软如耳垂的面团。
5. 将面团搓成长条，切成均匀的小段，用手搓成圆球状，成南瓜汤圆。
6. 汤圆放开水锅中煮开，加1碗凉水再煮开，待汤圆浮在水面时捞起。
7. 汤锅内倒入鲜奶，小火煮至沸腾。加入煮好的汤圆即可。

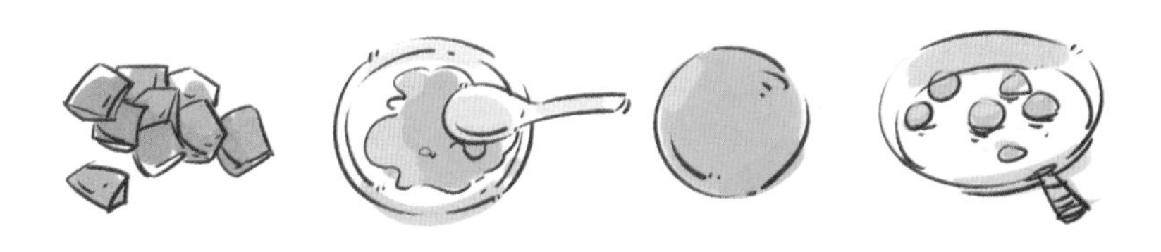

心得分享

1. 煮汤圆时，第一次煮开后要加一碗凉水再煮开，这样汤圆的内心才易煮透。汤圆都浮在水面上就表示熟透了。

2. 鲜奶不宜久煮，否则会使营养素流失，所以不能直接用鲜奶煮汤圆，而要先用清水煮。

红薯羊羹

材料

去皮红薯180克
白糖30克
琼脂4克

做法

1. 将琼脂与300毫升水放在小锅内，浸泡15分钟，至琼脂胀发变软，将琼脂捞出备用。
2. 红薯去皮，切成薄片，加入清水100毫升放入搅拌机内打成泥状。
3. 泡软的琼脂放回锅内，加清水50毫升熬煮1分钟。
4. 放入红薯泥、白糖及90毫升清水。
5. 边开小火加热，边用锅铲搅拌，直至所有材料都溶化并混合均匀。
6. 取一方形乐扣盒子，在内壁刷上薄薄的一层植物油。
7. 将煮好的红薯泥倒入盒子里面，移至冰箱冷藏3小时以上，取出倒扣在案板上，切件即可。

心得分享

大部分宝宝都喜欢吃甜食，而妈妈又不太放心买零食给宝宝吃，那就可以自己在家给宝宝做一些小零食。这道红薯羊羹做起来很简单，红薯中的膳食纤维还能增强宝宝的胃肠功能，很适合给宝宝吃。

第4章

2～3岁宝宝营养餐

2 ~ 3 岁宝宝喂养方案

宝宝两岁后，乳牙基本出齐，咀嚼能力大大提高，动手能力也越来越强。可以让宝宝逐渐适应大人的饭菜，但烹饪时一定要少油、少盐，不加五香粉、辣椒等调味料。让宝宝从小习惯口味清淡的食物，会让宝宝终生受益。

宝宝正处于生长发育阶段，所需营养比较多，一定要给宝宝合理搭配膳食。宝宝的胃比较小，宜少食多餐，正餐之间要加一两次水果、点心。不要给宝宝吃太甜的点心，妈妈可以自己动手给宝宝做。

面包水果沙拉

材料

草莓4个　　苹果1个
香蕉1根　　白吐司1片
生菜1片　　丘比甜沙拉酱30克

做法

1. 将白吐司放在烤盘上，放入烤箱中层，以180℃烤5分钟至表面微黄色。或用平底锅小火烘烤至上色。
2. 草莓用淡盐水浸泡3分钟，再用流水冲洗干净切成小块。苹果切小块。生菜切小片。香蕉切小块。吐司片切成小方块状。
3. 所有处理好的材料放入碗内，表面挤上沙拉酱即可。

松仁玉米

材料

主料　　调味料
甜玉米粒300克　　黄油15克
松子30克　　白砂糖10克
绿色彩椒1/5个　　盐2克
红色彩椒1/5个

做法

1. 彩椒切碎。松子去壳去皮。
2. 炒锅内放入松子，开小火将松子焙炒出香味，盛出备用。
3. 炒锅烧热，放入黄油，用小火炒化。
4. 加入彩椒粒，小火炒至断生。
5. 加入甜玉米粒、盐、白砂糖，用中火翻炒约3分钟。
6. 最后加入松子仁，翻炒均匀即可出锅。

韭黄炒滑蛋

材 料

主料	调味料
韭黄150克	盐1/8小匙
鸡蛋4个	盐1/2小匙
	玉米淀粉2小匙

做 法

1. 韭黄根部5厘米的位置切去不用，其他部分切成小段。
2. 鸡蛋放入碗内打散，加入1/2小匙盐，用筷子打散成蛋液。
3. 玉米淀粉加1大匙清水在碗内调匀，加入蛋液中搅匀。
4. 锅内放2大匙油烧热，加入韭黄茎部用中火翻炒约10秒。
5. 加入韭黄叶及1/8小匙盐，用大火快炒约10秒至变软。
6. 将炉火转为中小火，倒入蛋液。
7. 边炒边用锅铲将锅底已受热的蛋液翻上来。
8. 一直炒到蛋液凝固，即可盛盘。

心得分享

1. 韭黄很容易熟，炒的时间不用过长。加盐后很容易出水，要大火快炒。

2. 炒滑蛋时火不能太大，不然蛋很快就在锅底结皮了，炒不出滑嫩的效果。

肉末烧豆腐

材料

主料	调味料
猪绞肉50克	盐1/4小匙
内酯豆腐200克	生抽1大匙
生姜1片	玉米淀粉1小匙
大蒜1瓣	
香葱1根	

做法

1. 豆腐切成丁，香葱、大蒜切碎，生姜切成粗条。
2. 炒锅烧热，倒入猪绞肉，加入1大匙清水，边煮边用锅铲将肉拨散开。
3. 用锅铲翻至绞肉颜色变白后加入葱、姜、蒜，淋入少许植物油，煸炒出香味。
4. 加入豆腐块，加入高汤（或清水），水量没过豆腐块即可。
5. 加入生抽、盐调味。加锅盖大火煮开，转小火焖煮。
6. 玉米淀粉加1大匙清水调匀成水淀粉。待锅内水分剩少许时倒入水淀粉勾芡。
7. 煮至汤汁浓稠即可。

心得分享

1. 豆腐易碎，在煮制时不要常用锅铲翻动。

2. 姜片尽量切大块一些，小孩子不喜欢吃辣的，盛盘前要挑出来。

3. 肉和豆腐一起吃，能够使动物蛋白质和植物蛋白质中的必需氨基酸互相补充，从而提高蛋白质的利用率。

虾仁豆腐

材 料

主料
鲜虾6 只
嫩豆腐1块
香葱1根
生姜1片

调味料
玉米淀粉2小匙
盐1/4小匙

做 法

1. 鲜虾放入冰箱冷冻30分钟后取出。葱姜切碎，用手捏出葱姜汁备用。
2. 用牙签从虾的背部将虾线挑出，用剪刀剪去虾头，撕去虾壳。
3. 用刀在虾背侧面切一刀。
4. 将虾仁加葱姜汁拌匀，腌制5分钟。
5. 豆腐切成6小块，摆盘中。
6. 将虾仁摆放在豆腐上方，放入烧开水的蒸锅中，加盖，大火蒸10分钟，取出。
7. 玉米淀粉加清水调匀制成水淀粉。将虾仁豆腐中蒸出的汤汁倒入锅内，淋入水淀粉，加入盐。
8. 开小火，一边煮一边用锅铲搅拌，直至汤汁浓稠，淋在豆腐上即可。

心得分享

1. 虾仁富含蛋白质、维生素和矿物质，所含维生素 D 可以促进钙的吸收，是很好的补钙食品。

2. 鲜活的虾不易剥壳，可把虾洗净后放冰箱冷冻 30 分钟，就很容易剥壳了。

豌豆炒胡萝卜

材料

主料	调味料
嫩豌豆200克	盐1/4小匙
胡萝卜200克	

做法

1. 胡萝卜削去表皮，切成小丁。
2. 豌豆放入开水锅内汆烫10分钟，至豌豆变软。
3. 炒锅内放油烧热，放胡萝卜及豌豆翻炒均匀，加盐炒入味。
4. 炒至胡萝卜变软即可。

肉碎西蓝花

材料

主料	调味料
猪绞肉100克	盐1克
西蓝花100克	生抽1大匙
胡萝卜50克	玉米淀粉1小匙

做法

1. 将西蓝花切成小朵。胡萝卜削皮，切成小粒。
2. 开水锅里放入西蓝花、胡萝卜粒，煮10分钟。
3. 猪绞肉加盐、生抽、玉米淀粉拌匀，腌制10分钟。
4. 煮软的西蓝花及胡萝卜粒捞起沥净水，放入盘内。
5. 起油锅烧热，放入猪绞肉小火翻炒至变色，铺在西蓝花上即可。

珍珠糯米丸

材料

主料
长糯米50克
猪绞肉150克
马蹄3个
生姜1小块
葱白1小段

调味料
盐1/2小匙
玉米淀粉2小匙
芝麻香油1大匙

做法

1. 长糯米提前用凉水浸泡4小时以上。
2. 生姜磨成泥。葱白切碎。马蹄去皮，切成小碎块。
3. 猪绞肉加入盐、玉米淀粉，用筷子快速搅拌至起胶，加入芝麻香油。
4. 再加入马蹄碎、葱白碎、姜泥，搅拌均匀。
5. 用手将绞肉挤成大小均匀的肉丸子。
6. 将糯米用沥网沥干水分，平铺在瓷盘上。将肉丸均匀地裹上糯米。
7. 将粘好糯米的丸子放在盘中，每个顶上放上一颗枸杞子。
8. 放入烧开水的蒸锅中，加盖，大火蒸20分钟后出锅即可。

心得分享

1. 猪肉宜选择三分肥七分瘦的，这样蒸丸子的时候渗出的油正好被糯米吸收，味道会更好。

2. 这个珍珠糯米丸不太容易消化，不要让宝宝一次吃太多。

翡翠菜肉卷

材料

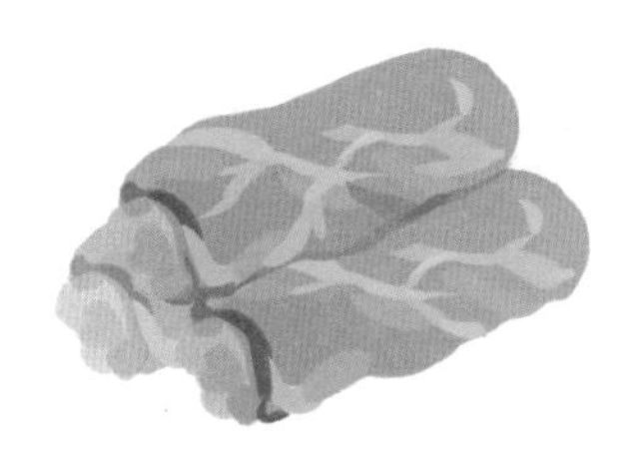

主料

猪绞肉150克
胡萝卜10克
圆白菜叶6片
姜蓉少许

调味料

盐1克
芝麻香油1小匙
玉米淀粉1大匙

水淀粉

玉米淀粉2小匙
清水1大匙

做法

1. 切掉圆白菜的根，小心地将菜叶撕出来。胡萝卜洗净，擦成蓉状。
2. 猪绞肉中加入盐、香油、玉米淀粉，用筷子顺一个方向搅拌至起胶，再加入胡萝卜蓉及姜蓉搅拌均匀。
3. 圆白菜叶放入开水锅内煮至变软。
4. 将煮软的菜叶一张张堆叠起来，用菜刀切成8厘米长、5厘米宽的长方形菜叶。
5. 将猪绞肉做成长柱形，放在菜叶底部。
6. 由下向上卷起。
7. 将做好的菜肉卷放在盘子上，放入烧开水的蒸锅，加盖蒸15分钟。
8. 将菜肉卷里的汤汁倒入锅内，分次加入调好的水淀粉。
9. 保持小火，一边烧一边用锅铲搅拌，至酱汁变浓稠。
10. 将菜肉卷在盘子上排放好，淋上烧好的酱汁即可。

心得分享

1. 要选绿色叶子的圆白菜，这样做出来才会翠绿、美观。

2. 菜叶汆烫过后，里面有白色茎的部分要切掉，因为这个部分太硬，不易卷起。

3. 宝宝嘴巴小，所以菜叶不要太大，肉也不要包太多，肉卷要做得小巧一些。

香煎藕饼

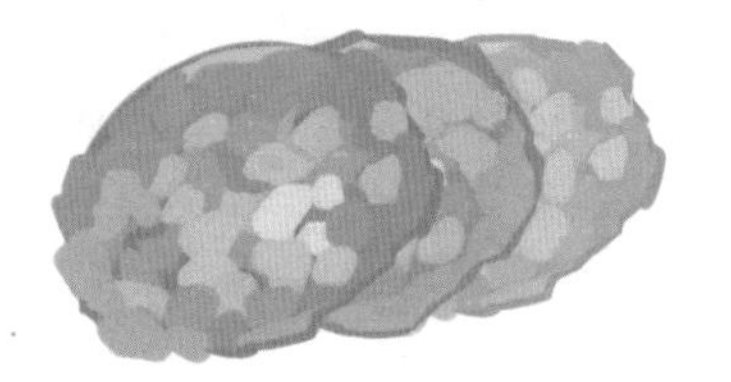

材 料

主料	调味料
猪绞肉200克	盐1/4小匙
莲藕200克	生抽1小匙
生姜5克	老抽1/4小匙
香葱5克	鸡蛋清1/3个
	玉米淀粉15克

做 法

1. 将姜切小片，葱切段。
2. 姜片、葱段放在碗中，加入3大匙清水浸泡10分钟，并用手抓捏出汁，制成葱姜水。
3. 将猪绞肉放入大盆内，边搅边加入葱姜水。要慢慢加，让肉把水吃进去再加。
4. 加入1/3个鸡蛋清，用双手拌匀，直至蛋清全部被肉吸收。
5. 将莲藕竖切成片，再切成细条，最后剁成黄豆大小的颗粒。
6. 将莲藕颗粒倒入绞肉中，再加入盐、生抽、老抽，用双手抓匀，最后加入玉米淀粉。
7. 用筷子顺着一个方向搅拌至起胶，将肉团成球形，再按扁成饼形。
8. 平底锅烧热，倒入凉油，放入肉饼用小火煎制。
9. 至肉饼可以用锅铲轻松移动时翻面，继续用小火煎制，至两面都煎至褐黄色即可出锅。

心得分享

1. 香煎藕饼里面最好不要放葱，因为葱叶油煎后容易变黑。所以这里要用香葱水代替，既可以去肉腥味还可以增加香味。

2. 煎的时候要用小火，大火会煎得外煳内生。

酱爆牛肉丁

材料

主料
牛里脊肉200克
红黄绿三色彩椒各1/3个
大蒜2瓣
香葱白1根

调味料
盐1/8小匙
蚝油1小匙
玉米淀粉2小匙
海鲜酱1大匙
白糖1小匙

做法

1. 牛里脊肉切成边长为1厘米的小丁。彩椒切成同样的丁。大蒜切片，香葱白切段。
2. 将牛里脊肉放在碗内，加盐、蚝油、玉米淀粉拌匀，腌制10分钟。
3. 将海鲜酱放在碗内，加白糖和2小匙热开水，调匀备用。
4. 炒锅烧热，放入1大匙油，凉油放入牛肉粒，快速滑炒至牛肉变色，盛出备用。
5. 炒锅留底油，放入大蒜、葱白炒出香味，倒入调好的酱汁。
6. 将牛肉粒倒入酱汁中，快速拌匀。
7. 加入彩椒粒，快速翻炒均匀即可。

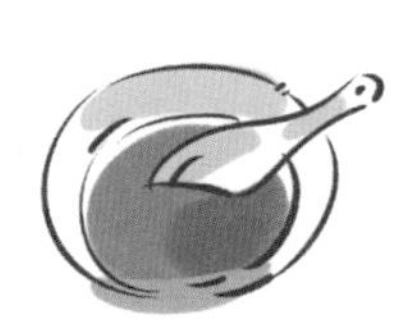

心得分享

1. 牛里脊肉肉质细嫩，比较适合宝宝吃。注意不要炒太长时间，炒老了宝宝嚼不烂。

2. 彩椒中的维生素含量非常高，尤其是维生素C的含量，常给宝宝吃彩椒可以提高宝宝的抵抗力。

香芋蒸排骨

材料

主料	调味料
排骨250克	生抽1大匙
芋头200克	盐1/4小匙
生姜1小片	白糖1小匙
香葱2根	玉米淀粉2小匙
	芝麻香油2小匙

做法

1. 将芋头削去表皮、洗净。
2. 芋头切成边长为1厘米的小方块。排骨斩成小段。
3. 葱、姜切碎，拌入排骨内，加入生抽、盐、白糖、玉米淀粉、香油拌匀。
4. 放入切好的芋头拌匀，静置腌制20分钟入味。
5. 电压力锅内放清水1碗，放上蒸架，食材放在蒸架上，盖上锅盖，按下“排骨”档，等到程序完成即可。

蜜汁鸡翅

材料

主料	调味料
鸡翅中6个	蚝油1大匙
生姜2片	白糖1大匙
大蒜2瓣	生抽1大匙
香葱2根	料酒1大匙

做法

1. 将生姜去皮切片。香葱切段。大蒜去皮切片。
2. 用利刀在鸡翅的背面划上深刀口。
3. 将鸡翅及葱姜蒜放在碗内，加入蚝油、白糖、生抽、料酒腌制30分钟。
4. 平底锅烧热，放入鸡翅用小火慢慢煎出油脂。
5. 腌料碗内倒入清水调匀再倒入锅内，水量没过鸡翅。
6. 加锅盖焖煮约10分钟。
7. 焖至水分收干即可。

口蘑烧鸡腿

材 料

主料
口蘑100克
鸡腿2个
胡萝卜30克
青椒1/4个
大蒜1瓣

腌料
盐1/4小匙
蚝油2小匙
玉米淀粉2小匙
植物油1/2大匙

调味料
盐1/8小匙

做 法

1.用剪刀将鸡腿剪开，取出鸡骨，剔去筋膜部分。
2.鸡腿肉、青椒切小块。蘑菇、大蒜切片。胡萝卜切片，用刻花器刻出花形。
3.鸡腿肉加盐、蚝油、玉米淀粉、色拉油拌匀，腌制10分钟。
4.汤锅内烧开水，放入蘑菇、胡萝卜汆烫2分钟，捞起沥净水备用。
5.炒锅烧热，加油，凉油爆香蒜片，加入鸡腿。
6.用中火将鸡腿炒至变色，盛出备用。
7.炒锅再热少许油，放入蘑菇、胡萝卜、青椒，加盐翻炒。
8.加入炒好的鸡腿肉，翻炒均匀即可。

心得分享

口蘑含有丰富的蛋白质、膳食纤维及钙、镁、锌、硒等矿物质，是一种营养价值很高的食用菌。

宝宝鱼肉丸

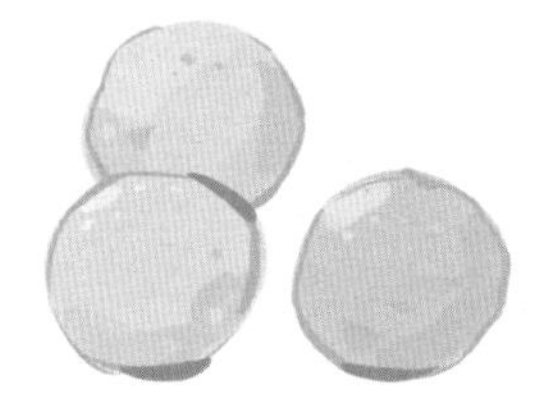

材料

主料
龙利鱼肉250克
生姜1小块
香葱1根

调味料
细盐1/4小匙
玉米淀粉7克
芝麻香油30毫升

做法

1. 将生姜切段，香葱切段，放入碗内，加入清水2小匙，浸泡10分钟后用手抓捏一会儿，制成葱姜水备用。
2. 将鱼肉切成小丁状。
3. 将鱼肉丁放入搅拌机内搅成泥状。
4. 将鱼泥放入碗内，加入盐、玉米淀粉，用筷子顺一个方向搅拌至起胶。
5. 分次少量地加入葱姜水，搅拌至鱼泥完全吸收，加入芝麻香油，继续拌匀。
6. 用两只小汤匙挖起鱼泥，整形成球状。
7. 汤锅内放入清水，烧至温热，逐个放入鱼丸。
8. 用小火慢慢煮至鱼丸全部浮上水面，再煮2分钟即可捞出。

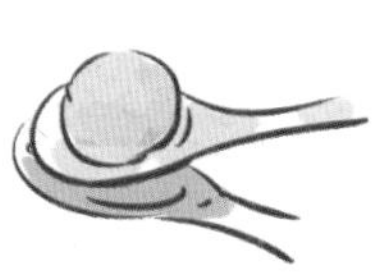

心得分享

1. 龙利鱼也叫牛舌鱼、鳎目鱼，只有中间的脊骨，刺少肉多，几乎没有腥味，鱼肉质细嫩、营养丰富，属于出肉率高、味道鲜美的优质海洋鱼类。

2. 做普通鱼丸通常会加一些肥猪肉以增加滑嫩的口感，做宝宝鱼丸则要加一些芝麻香油代替。

五彩三文鱼松

材料

主料

三文鱼肉200克

胡萝卜50克

马蹄80克

芦笋50克

西生菜4片

玉米脆片50克

腌鱼料

柠檬汁1/2小匙

盐1/8小匙

调味料

细盐1/4小匙

做法

1. 马蹄、胡萝卜去皮，切小丁。芦笋切小段，西生菜修剪成碗状。
2. 三文鱼肉切成小方块。
3. 将鱼肉加腌鱼料拌匀，腌制15分钟。
4. 锅内烧热油，放入鱼肉丁，中火炸约2分钟，捞起沥净油。
5. 另起锅放少许油，加入胡萝卜、马蹄、芦笋，调入盐，大火翻炒约1分钟。
6. 加入三文鱼丁翻炒均匀，装在西生菜碗内，撒入玉米脆片即可。

心得分享

1. 蔬菜类的量不能过多，以免掩盖鱼的味道。
2. 三文鱼过油时间不要太久，鱼肉一变色就可以捞起沥油。
3. 蔬菜类不要炒太久，大火炒约1分钟，以保持蔬菜本身的爽脆和清甜。
4. 玉米脆片要在吃的时候再撒，过早混入会失去酥脆口感。

清蒸太阳鱼

材 料

主料	调味料
太阳鱼2条	盐1/4小匙
香葱2根	生抽2大匙
生姜2片	白糖1小匙
	植物油1大匙

做 法

1. 将太阳鱼剖肚取出内脏，刮干净鱼鳞，洗净，控干。
2. 将葱白切段，生姜切丝，葱绿切成细丝。
3. 鱼身上抹上盐和糖。
4. 将葱白段和生姜丝放在鱼腹内。
5. 蒸锅内加适量水，大火烧开。
6. 将鱼摆放在盘子上，放进蒸锅，加盖蒸8分钟即可。
7. 将白糖加生抽在碗内调匀，淋在蒸好的鱼身上。
8. 鱼身上摆上葱绿丝，用不锈钢汤匙烧一匙油，趁热淋在太阳鱼身上。

心得分享

太阳鱼的刺很少，只有主骨上有刺，肉质非常细嫩，尤其是鱼背肉和鱼腹肉，很适合给宝宝吃。

橙香鱼块

材料

主料

龙利鱼肉1片

生蛋黄1个

玉米淀粉30克

腌料

盐1/4小匙

料酒1大匙

调味料

鲜橙1.5个

番茄沙司1/2大匙

白醋2小匙

白砂糖3大匙

植物油1大匙

玉米淀粉1小匙

做法

1. 提前将龙利鱼取出解冻。
2. 将鱼片从中间分割开。
3. 用利刀斜切，片成约8毫米厚的片。
4. 鱼片加腌料抓匀，腌制10分钟。
5. 放入蛋黄，将鱼片抓至均匀地裹上蛋黄。
6. 放入玉米淀粉，将鱼片均匀地裹上淀粉。
7. 鲜橙用榨汁器榨汁备用。
8. 将鲜橙汁加白糖、白醋、番茄沙司在碗内调匀制成味汁。玉米淀粉加1/2大匙清水调成水淀粉。
9. 锅内倒入1碗油，加热至170℃，放入鱼片用大火炸至表面金黄色，捞起。
10. 重新将锅内的油烧热，放入鱼片，用大火炸约30秒即捞起。
11. 锅内留1大匙油，将味汁倒入锅内，小火煮至白砂糖溶化，加入调好的水淀粉勾芡。
12. 保持小火，边煮边用锅铲搅动，直至酱汁变浓稠。
13. 将煮好的酱汁趁热淋在鱼块上即可。

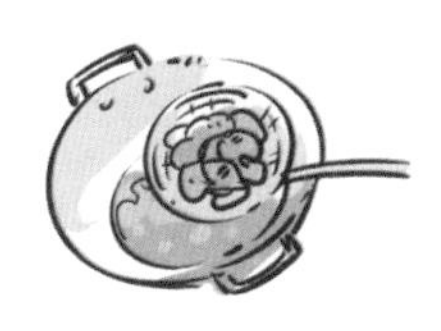

菠萝咕咾三文鱼

材料

主料

挪威三文鱼背肉200克

菠萝果肉100克

青红甜椒各1个

酱料

番茄酱3大匙

白砂糖1大匙

清水1大匙

玉米淀粉1小匙

腌料

柠檬汁1小匙

盐1/4小匙

炸鱼材料

植物油250毫升

生蛋黄1个

玉米淀粉3大匙

做法

1. 将鱼肉切成边长为2厘米的小方块，加腌料拌匀，腌制15分钟。
2. 将菠萝切成小方块，青红甜椒切成小块。
3. 鱼肉先蘸上蛋黄液，再逐块蘸上干玉米淀粉。
4. 将鱼块放入油温170℃的热油锅内，中火炸至表面微黄色，捞起沥干油。
5. 将酱料在碗内混合。锅内烧热1小匙油，放入酱料烧至浓稠。
6. 下入菠萝块及青红甜椒块翻炒至断生。
7. 加入炸好的鱼块，快速翻炒，见鱼块均匀裹上酱汁即可出锅。

心得分享

1. 三文鱼较容易熟，不宜炸得过老，无需炸至表面金黄，只要有些微黄色、表面的淀粉变干硬即可。如炸的时间过长，肉质会变老，口感不佳。

2. 最后入锅裹酱汁时动作要快，不要停留太长时间，否则不酥脆。

口蘑蛋花汤

材料

主料
口蘑10朵
猪绞肉50克
鸡蛋1个
香葱1根

调味料
盐1/2小匙

做法

1. 将口蘑去蒂，切成薄片。香葱切小丁。
2. 鸡蛋打散成蛋液。
3. 锅内烧开一锅水，将猪绞肉放在小碗内，取一勺热水倒入猪绞肉碗内，将猪肉搅散。
4. 口蘑放入锅中，加水，煮至水开。
5. 将泡好的肉末倒入汤锅内，加入盐调味。
6. 加入打好的蛋液，煮至蛋液凝固，出锅前放入葱花即可。

心得分享

前面我们说过，口蘑的营养价值很高，它所含的矿物质种类比较多，尤其是硒的含量很高，有很强的抗氧化作用。如果宝宝对口蘑不过敏，可以经常吃。

白菜鱼丸汤

材料

主料

小白菜2棵
自制鱼丸10个
生姜1片

调味料

盐1/2小匙
芝麻香油1小匙

做法

1. 小白菜洗净，切碎。
2. 汤锅内烧开半锅水，加入姜片、鱼丸煮至水开后，再煮约5分钟。
3. 加入切碎的小白菜，煮2分钟，加入盐调味，出锅前淋入香油即可。

菠菜猪肝汤

材料

主料

猪肝100克
菠菜50克
生姜1片

调味料

盐1/2小匙
白醋1大匙

做法

1. 猪肝浸泡半小时洗净、切片。
2. 将猪肝放入碗内，加白醋拌匀，腌制10分钟。
3. 汤锅内烧开水，放入腌好的猪肝汆烫至变色，捞出备用。
4. 汤锅洗净，重新加水，把菠菜焯水。
5. 汤锅内再次烧开水，加入姜片、汆烫过的猪肝片和菠菜，加盐调味，再度烧开即可。

莲藕煲脊骨

材料

主料

猪脊骨500克
莲藕400克

调味料

盐1/2小匙

做法

1. 将猪脊骨洗净，斩成小块。莲藕刮去表皮，洗净，切成段。
2. 锅内注入清水5碗，烧开后放入脊骨氽烫3分钟。
3. 取出脊骨冲洗干净。汤锅洗净，重新注入清水10碗。
4. 加入脊骨和莲藕，加盖，大火煮开后转中小火煮60分钟，至汤量剩一半时加盐调味即可。

玉米脊骨汤

材料

猪脊骨500克
甜玉米1个
胡萝卜1根
土豆1个
红枣2颗

做法

1. 猪脊骨斩成小块。玉米洗净，切成小段。土豆、胡萝卜刮去皮，洗净，切块。红枣去核。
2. 锅内注入清水5碗，烧开后放入脊骨氽烫3分钟。
3. 取出脊骨冲洗干净。汤锅洗净，重新注入清水10碗。
4. 加入所有材料，加盖，大火煮开，转中小火炖煮约60分钟，撇去浮沫，煲至汤量剩一半即可。

土豆炖脊骨

材料

主料	调味料
猪脊骨500克	盐1小匙
土豆200克	姜2片
胡萝卜150克	
蜜枣1颗	

做法

1. 将猪脊骨洗净，剁成小块。
2. 土豆、胡萝卜均去皮，切成大块。
3. 锅内加适量清水烧开，放入猪脊骨汆烫3分钟，捞起冲洗干净。
4. 锅洗净，加1200毫升清水，放入猪脊骨、蜜枣、姜片，大火煲开，转中小火，加盖煲30分钟。
5. 放入胡萝卜块、土豆块。
6. 加盖，中小火煲30~40分钟至汤色泛白。
7. 待水量剩下1/3时加盐调味即可。

心得分享

1. 土豆和胡萝卜不要过早下锅，要待猪脊骨煲出味来、汤色转白时再放，否则土豆容易煮碎。

2. 胡萝卜富含胡萝卜素，将其与富含蛋白质的猪肉一起炖煮后，有助于提升小宝宝的免疫力。

彩蔬鸡肉羹

材料

主料

南瓜、土豆、胡萝卜各50克
洋葱30克
西蓝花30克
鸡胸肉80克

调味料

玉米淀粉1大匙
盐1/4 小匙

做法

1. 土豆、胡萝卜、洋葱去皮，洗净，切块。西蓝花切小朵。鸡胸肉切块。
2. 南瓜去皮、去籽，洗净，切块。
3. 汤锅里放入半锅水，加入南瓜、土豆、胡萝卜煮15分钟，至土豆变软。
4. 炒锅里烧热少许油，加洋葱碎，小火炒香。
5. 加入鸡胸肉，翻炒至肉色变白。
6. 将煮过的南瓜、土豆、胡萝卜倒入砂锅中，加清水，水量要没过所有蔬菜块，大火煮开，转小火煮约10分钟。
7. 待锅内的蔬菜煮至软烂，加入西蓝花再煮10分钟。
8. 玉米淀粉加2大匙清水调成水淀粉，分两次加入锅内，边煮边搅拌。
9. 煮至汤变浓稠，加盐调味即可。

心得分享

西蓝花的根茎比较硬，宝宝不好咀嚼，只取花朵部分即可。

福圆鸡汤

材 料

主料

鲜鸡350克

生姜1块

干桂圆20个

红枣10颗

调味料

冰糖适量

做 法

1. 将处理干净的鲜鸡斩成大件。
2. 干桂圆去壳。红枣清洗干净。
3. 锅内放半锅水，加入姜块，烧开后放入鸡块汆烫去血水，捞出。
4. 鸡块、桂圆、红枣放入深锅中，加入2杯水。
5. 深锅放入电饭锅内，电饭锅内加2杯水，按下煮饭键，煮至跳键。
6. 随个人喜好在汤中加少量冰糖即可。

心得分享

1. 传统的福圆鸡汤是用整鸡隔水炖制。我把鸡斩成块后用电饭锅炖，做法简单，也不需专门看顾。

2. 隔水炖汤时汤里不要放太多水，炖出来的汤才够浓郁。电锅里也不宜放太多水，以免水量过多，沸腾时进入汤内。如果炖的火候不够，可多加一次水，再按一次煮饭键煮至水干跳闸。

生滚鱼片粥

材料

主料
草鱼背肉150克
小白菜1棵
生姜2片
白粥1碗

调味料
盐1/4小匙
玉米淀粉1小匙

做法

1. 将草鱼背肉平铺在案板上，用利刀切一刀，到鱼皮位置停住，不切断。
2. 再切第二刀，将鱼肉切断，切下来的鱼片呈蝴蝶片状。
3. 按此方法，将鱼肉切成片。
4. 玉米淀粉加清水调成水淀粉，倒入鱼片中，加盐拌匀，腌制上浆。
5. 小白菜择洗干净，切成丝。
6. 小锅内放入白粥、姜片煮滚，加入鱼片煮至转白色。
7. 加入小白菜丝、盐，煮至粥再度沸腾即可。

心得分享

1. 在购买草鱼的时候可以请商家帮忙切下草鱼背肉，这块肉刺少。切鱼片时要选用锋利的刀，切出的鱼片比较整齐。

2. 粥滚后温度非常高，放下鱼片很快就烫熟了，不需要煮太久。煮的时间长鱼片会变老，味道变差。

香芋排骨粥

材料

主料
芋头200克
排骨250克
葱花15克
大米1杯
姜片2片

调味料
盐1/2小匙

做法

1. 排骨斩小件。芋头去皮，洗净，切成小方块。
2. 香葱洗净，切碎。大米洗净。
3. 锅内烧开水，放入排骨氽烫去血水，捞起洗净。
4. 将大米、姜片、排骨放入电饭锅内，加入适量清水。
5. 按下煮粥键，40~60分钟后键弹起，程序结束。
6. 加入切块的芋头继续煮。
7. 煮至芋头可以轻松地用筷子插入时，加入盐，撒上葱花即可。

心得分享

芋头软糯香甜、营养丰富，很适合给宝宝吃。芋头中含有较多的膳食纤维和矿物质，能够促进宝宝胃肠蠕动，提高宝宝抵抗力。

糯米菠萝饭

材料

长糯米1杯	冰糖15克
葡萄干20克	橄榄油15毫升
蔓越莓干15克	成熟菠萝1个
蜜红豆25克	杏仁碎少许

做法

1. 糯米洗净，用清水浸泡4小时备用。
2. 菠萝从侧面切开一小块。
3. 先用小刀沿着菠萝边沿割一圈，再用汤匙挖出果肉，盖子也要挖空。
4. 取小部分菠萝肉切碎，加入砸碎的冰糖，放入蜜红豆、蔓越莓干、葡萄干。
5. 浸泡好的糯米沥干水分，加入步骤4中处理好的材料，再加入橄榄油拌匀，装入菠萝壳内。
6. 装八分满即可，淋入2小匙菠萝汁，盖上菠萝上盖，放入蒸锅中。
7. 蒸锅内注入凉水1. 5升，加锅盖，大火蒸10分钟至水开，再转中小火蒸30分钟。
8. 蒸好的菠萝饭上撒少许干的杏仁碎（或腰果碎）即可。

心得分享

1. 选购菠萝时要选熟透的，外表都变成金黄色的会比较甜。做这道饭不需要将果肉泡盐水，因为还要经过蒸制。如果是直接吃就要用淡盐水浸泡一下。

2. 如果糯米浸泡的时间不够，就要在壳里面多加点菠萝汁，这样容易熟。

3. 饭蒸到30分钟的时候，可以打开锅盖，翻动一下糯米看是否已经熟了。

紫薯红枣饭

材料

紫薯100克
去核红枣5颗
大米100克

做法

1. 紫薯去皮，切成边长为5毫米的小方块。红枣去核。
2. 大米洗净，放入电饭锅内，加入清水100毫升。
3. 加入紫薯块及红枣。
4. 按下电饭锅的煮饭键，煮至键弹起，取出煮熟的红枣，去皮捣烂，将枣泥拌入饭内即可。

丝瓜银鱼面条

材料

银鱼20克
丝瓜100克
鸡蛋1个

做法

1. 用小刀将丝瓜表面的绿皮刮干净。
2. 丝瓜切成薄片，蛋液打散。银鱼用清水浸泡20分钟，再洗干净。
3. 小锅里煮开一锅水，放入面条煮至软烂，捞起备用。
4. 汤锅里煮开半锅水，放丝瓜片煮至软，加入盐调味。
5. 加入银鱼，淋入蛋液，煮至蛋液凝固，加入煮好的面条即可。

蛋卷饭

材料

主料

胡萝卜30克
芹菜20克
紫色洋葱20克
米饭1碗
鸡蛋2个

调味

盐1/4小匙
沙拉酱1小匙

水淀粉

玉米淀粉1小匙
清水3小匙

做法

1. 芹菜择去叶子，取根茎部分切成小颗粒。洋葱切碎，胡萝卜切碎。
2. 鸡蛋在碗内打散，加入少许盐。玉米淀粉加清水调成水淀粉，加入蛋液中调匀。
3. 炒锅内加少许油，放入胡萝卜、芹菜碎及洋葱碎炒出香味。
4. 加入白米饭，加少许盐调味，炒匀，盛出。
5. 用厨房纸巾沾少许植物油，用筷子夹住在平底锅上涂一层薄薄的油。
6. 平底锅先不加热，倒入蛋液摊开，小火煎成蛋皮，定型后翻面煎另一面，直至两面煎成金黄色。
7. 将蛋皮平摊在案板上，表面铺上米饭，在蛋皮的边沿抹上沙拉酱，将蛋皮卷起。
8. 用利刀将蛋皮卷切成小段即可。

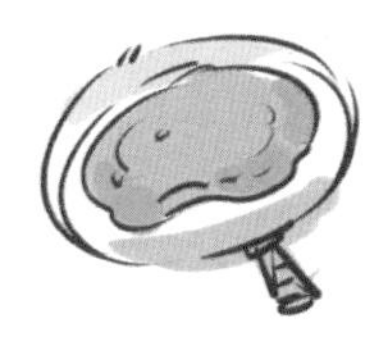

心得分享

1. 煎蛋的时候不要放太多油，油多的话，蛋液一倒下去就会炸起泡了。

2. 卷蛋卷前要在蛋皮的边沿涂上沙拉酱，这样卷好的蛋卷才不会散开。另外蛋卷不要卷太大，以宝宝刚好一口的量为宜。

寿司卷

材料

主料	包馅材料
白米饭200克	寿司海苔1张
白醋6克	胡萝卜半根
白糖3克	黄瓜1/4根
盐1克	鸡蛋1个
	火腿30克
	肉松10克

做法

1. 白糖、白醋、盐在碗内搅拌至糖溶化，趁热加入米饭中拌匀。
2. 将拌匀的米饭盖上保鲜膜，自然晾凉。
3. 鸡蛋打散成蛋液。平底锅用厨房纸巾抹一层油，倒入蛋液，用小火煎成蛋皮，翻面，煎至表面金黄色即可。
4. 将黄瓜、胡萝卜、火腿、蛋皮切丝。
5. 取一张寿司竹帘，铺上寿司海苔，在表面平铺上米饭。
6. 将黄瓜条、胡萝卜条、火腿、蛋皮、肉松铺在下方，由下而上卷起。
7. 卷好的寿司放置定型10分钟，用利刀将寿司均匀切段即可。

心得分享

1. 加了寿司醋的米饭要用保鲜膜覆盖，这样可以保持湿度和温度，避免饭粒变干而无法捏制成团。

2. 制作寿司的海苔若品质不好，很容易就会被米饭打湿，切件的时候不容易成形，因此一定要选择质量好的海苔。

奶香蘑菇饭

材 料

主料	调味料
草菇20克	盐1/4小匙
新鲜香菇20克	鲜奶150毫升
平菇20克	植物油1/2大匙
洋菇20克	黑胡椒粉1/8小匙
小个洋葱1/4个	马苏里拉芝士30克
大蒜2瓣	披萨草少许
白米饭1碗	

做 法

1. 将各类蘑菇洗净，草菇切成4小块，平菇用手撕成小条，香菇和洋菇去蒂切片，洋葱切成小块，大蒜去皮剁成蓉。
2. 炒锅内放入植物油，冷油加入洋葱和蒜蓉，小火炒出香味。
3. 转中火，先加入草菇、平菇和洋菇炒约1分钟，再加入平菇炒约1分钟。
4. 加入白米饭，注入鲜奶，鲜奶的量以没过米饭和蘑菇为准。
5. 用锅铲将鲜奶和米饭拌匀后，加入盐、黑胡椒粉、披萨草。
6. 用小火煮8分钟左右，至米饭的水分基本收干。注意不要太干，太干口感不好。
7. 将煮好的蘑菇饭放入烤碗内。
8. 表面均匀地铺上马苏里拉芝士条。
9. 烤箱220℃预热，烤碗放入烤箱中层烤网上烤5分钟，至芝士表面有些微黄色即可。

心得分享

煮好的牛奶蘑菇饭就已经很好吃了，如果家里没有芝士，做到这步就可以给宝宝吃了。加上芝士味道会更好，也能给宝宝补充更多的钙。

四喜饺子

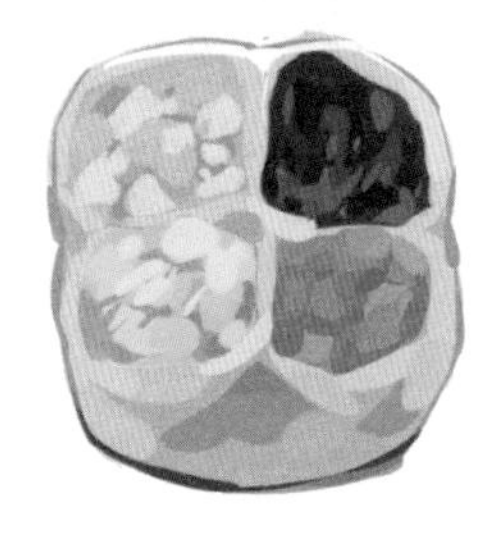

材 料

主料

中筋面粉200克

猪绞肉250克

生姜2片

香葱2根

芹菜2根

内馅材料

鸡蛋1个

豆角50克

水发木耳6朵

胡萝卜1根

调味料

盐1/4小匙

玉米淀粉2小匙

生抽2小匙

白砂糖1小匙

芝麻香油1大匙

做 法

1. 芹菜择去叶子，取根茎部分切成小颗粒。
2. 生姜和香葱先用清水浸泡，抓捏成葱姜水。一边用筷子顺一个方向搅动绞肉，一边慢慢加入葱姜水。250克肉加入25克的葱姜水。
3. 绞肉中加入生抽、盐、芹菜碎、白糖、香油、玉米淀粉，顺时针方向搅至肉馅起胶。
4. 中筋面粉放入盆内，倒入热开水用筷子迅速搅拌，至面粉成雪花状。
5. 待面团略凉后，用手和成团，盖上保鲜膜松弛15分钟。
6. 鸡蛋加少许盐打匀。平底锅烧热，用纸巾涂少许油，倒入鸡蛋煎成蛋皮。
7. 豆角、水发木耳、胡萝卜、蛋皮分别切成碎。
8. 将松弛好的面团搓成长条状，切成小剂子。
9. 案板上撒干面粉，将面团擀成圆饼状。
10. 包入肉馅，注意不要放太多。
11. 将饺子皮向中间捏紧，再对角捏紧。
12. 用手将对角处撑开，并捏紧连接处。
13. 将包好的蒸饺放在蒸架上，再用小匙分别填入豆角、木耳、胡萝卜、蛋皮。
14. 锅内烧开水，放上蒸架，加盖大火蒸10分钟即可。

凉拌五色荞面

材料

主料

荞麦面条100克
绿豆芽20克
黄瓜30克
胡萝卜30克
水发黑木耳10克
鸡蛋1个

调味料

盐1/8小匙
生抽、陈醋各1小匙
白糖1/2小匙

做法

1. 取鸡蛋在碗内打散成蛋液，在平底锅上煎成一张蛋皮。黑木耳提前用凉水浸泡20分钟。
2. 绿豆芽掐去两头，洗净。黄瓜、胡萝卜、蛋皮分别切丝。
3. 将陈醋、白糖、生抽、盐放在碗内调匀制成浇汁备用。
4. 锅内烧开水，放入荞麦面条，大火煮开。
5. 加入一碗凉水，再继续煮，至用筷子可以轻松地夹断面条。
6. 将黑木耳和绿豆芽放在面汤里汆烫至软，捞出，将黑木耳切丝。
7. 捞起面条装碗，加绿豆芽、黄瓜丝、胡萝卜丝、木耳丝、蛋皮丝，淋上浇汁拌匀即可。

心得分享

跟普通面条相比，荞麦面条含有更多的B族维生素、膳食纤维和铁、锌等矿物质，而且更容易消化。夏天天气炎热、宝宝食欲下降的时候，特别适合给他做这道凉拌五色荞面。

番茄肉酱蝴蝶面

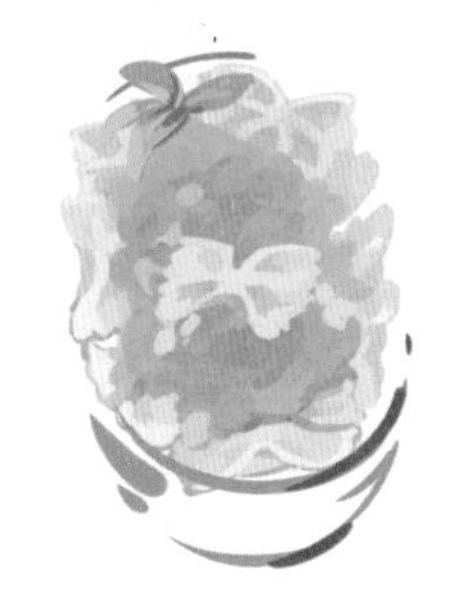

材料

主料
猪绞肉200克
自制番茄酱150克
白洋葱100克
大蒜2瓣
蝴蝶意面200克

调味料
盐1/4小匙
白糖2小匙
植物油1大匙

做法

1. 将白洋葱切成碎粒。大蒜去皮切碎。
2. 平底锅放少许油，凉油放入大蒜碎炒出香味。
3. 加入洋葱碎小火炒出香味，直至洋葱的色泽变为微焦黄色。
4. 加入猪绞肉，用小火炒，一边炒一边用锅铲将肉铲至松散。
5. 加入番茄酱、白糖、盐调味，小火炒出香味。
6. 加入清水，水量高过肉酱2厘米的位置。
7. 大火烧开后转小火慢煮，煮至酱汁浓稠即可关火。
8. 汤锅里烧开一大锅水，放入蝴蝶意面，盖上锅盖大火煮开，转小火煮20分钟。
9. 煮至用筷子可以轻松戳穿面片。
10. 将面片捞入碗内，表面淋上番茄肉酱即可。

心得分享

蝴蝶面一定要多煮会儿，不然宝宝咬不动，而且不易消化。

材料

面团材料	煮汤材料
中筋面粉150克	青菜1根
盐1克	番茄1/2个
清水70克	蛋皮1张
	盐1/2小匙

做法

1. 将盐放入清水中溶化，缓缓加入面粉中。
2. 一边加一边用筷子搅拌，至面粉成雪花状。
3. 用手揉成光滑的面团，盖上保鲜膜静置20分钟。
4. 将面团搓成直径3毫米的长条，切成小剂子。
5. 案板上撒上少许干面粉，放上小剂子滚匀面粉，用大拇指按住面团推一下，做成猫耳朵状。
6. 将青菜、番茄、鸡蛋皮切成小碎块。
7. 锅内放入500毫升清水煮开，加入猫耳朵煮约3分钟，再加入番茄块煮至熟软。
8. 最后加入青菜、蛋皮再煮2分钟，加盐调味即可。

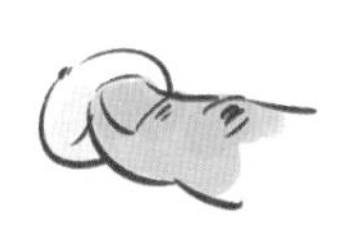

心得分享

1. 制作猫耳朵所需要的面团要硬一点，所以和面的水要少，不然做好的猫耳朵不易成形。

2. 煮猫耳朵时间可以略长一点，猫耳朵口感比较硬，比较扎实，煮软后宝宝才易咀嚼。

腊肠卷

材料

中筋面粉150克
清水75克
干酵母粉1.5克
白糖10克
腊肠6根

做法

1. 将清水和干酵母粉在碗内搅拌至酵母溶化。
2. 将溶化的酵母水分次少量地加入面粉中，用筷子搅拌成雪花状。
3. 用手和成光滑的面团，放入内壁涂一层油的盆中，盖上保鲜膜，放温暖处静置发酵1~2小时。
4. 直至面团发酵至两倍大小，用手指按下面团，指坑不会马上回缩。
5. 将面团搓成长条，用刀切成小段。
6. 将每小段搓成长条，围绕腊肠卷起来，尾端收入面团里面。
7. 腊肠卷垫油纸，静置发酵15分钟，凉水上蒸锅，加盖，中火蒸20分钟。
8. 蒸好后的腊肠卷不要马上开盖，等待5分钟后再打开锅盖。

心得分享

1. 面团在缠绕腊肠之后，要将尾端夹入面团里面，不然在发酵过程中尾端会散开来。

2. 包入腊肠的时候，要尽量把腊肠的头尾各留出一小段，因为在蒸制过程中面团会发大，如果腊肠包得太短的话，就会被面团遮住。

水果三明治

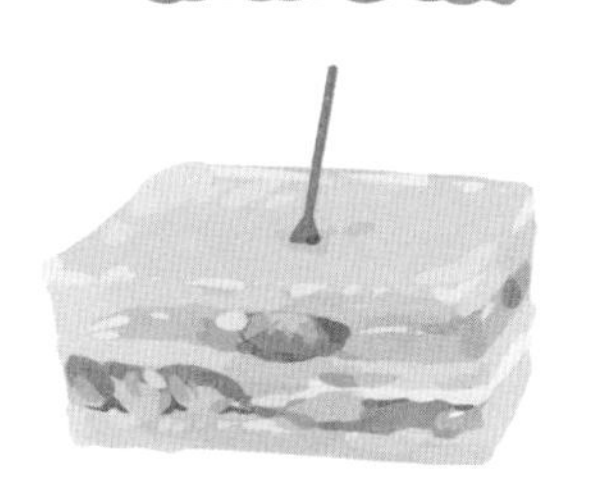

材料

奇异果1个
草莓10个
芒果1个
动物鲜奶油120克
细白砂糖15克
吐司3片

做法

1. 将奇异果、芒果去皮，分别切成小颗粒。草莓洗净，切成小块。
2. 动物鲜奶油提前放冰箱冷藏12小时，取出倒入碗内，加细砂糖15克。
3. 使用电动打蛋器将动物鲜奶油打至发泡，呈云朵般的细腻膨松状。
4. 取一片吐司，抹上动物鲜奶油。
5. 平铺上各种水果。
6. 盖上另一片吐司片。
7. 再在上面抹上一层动物鲜奶油。
8. 同样平铺上水果。
9. 盖上一片吐司片，用面包刀将边缘切整齐即可。

心得分享

动物鲜奶油在打发之前，要放入冰箱先冷藏 12 小时以上。如果是夏季制作，还要在鲜奶油盆底下垫上一盆冰水，否则不易打发。

彩蔬吐司塔

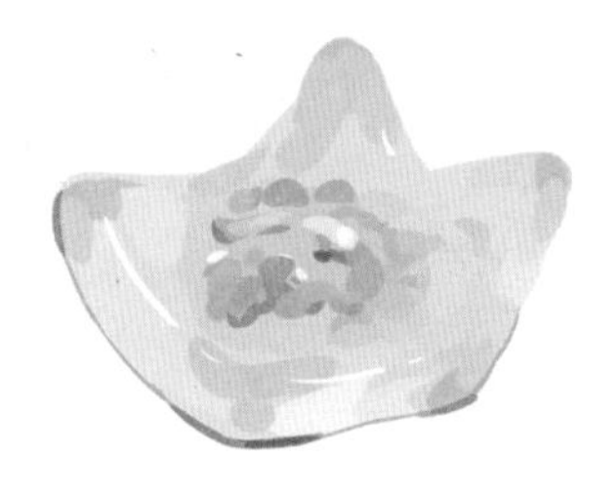

材料

白吐司面包5片
西蓝花2小朵
胡萝卜20克
三文鱼丁30克
马苏里拉芝士碎30克
盐1/2小匙
植物油少许

工具
蛋挞模5个

做法

1. 将吐司面包片的四边切掉。
2. 蛋挞模刷一层植物油防粘，将吐司片平铺在蛋挞模上，定好形。
3. 胡萝卜切碎。西蓝花切小朵。
4. 汤锅里加水烧开，放入盐和植物油，加入胡萝卜和西蓝花汆烫至熟。
5. 三文鱼切成小丁，加盐腌制10分钟，下热油锅炒熟备用。
6. 将汆烫过的胡萝卜和西蓝花沥净水备用。
7. 将吐司塔放于烤盘中，放入烤箱中层，180℃烤3分钟定型。
8. 将胡萝卜丁、西蓝花丁、三文鱼丁放在吐司塔内，上面铺马苏里拉芝士，入烤箱中层，180℃烤5分钟即可。

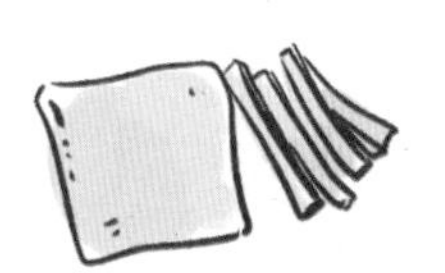

心得分享

1. 蛋挞模上要涂上一层油，在烤吐司片的时候才不会粘。整好形以后要先烤一下定形。

2. 三文鱼易熟，不需要炒太长时间，炒老了宝宝不易嚼烂。

笑脸土豆饼

材料

土豆400克
面粉100克
盐4克
番茄酱适量

做法

1. 将土豆去皮，切成薄片，入蒸锅蒸至熟透。
2. 土豆片冷却后放入保鲜袋中，用擀面杖擀成泥。
3. 称出300克土豆泥放入盆内，加入面粉、盐。
4. 用手将土豆泥和面粉混合均匀，和成团。
5. 案板上撒上干面粉，将面团擀成4毫米厚的片状。
6. 用圆形切割器按取圆形片，用筷子在上面戳出两只眼睛。
7. 用汤匙刻出嘴巴的形状。
8. 平底锅内倒油烧至四成热，放入土豆饼用小火炸至两面金黄，取出沥净油，装盘。食用时蘸番茄酱。

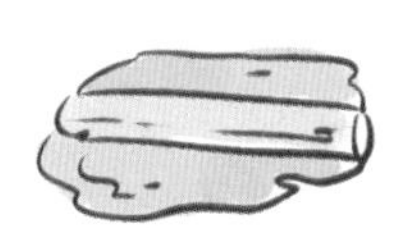

心得分享

1. 土豆切成薄片可以缩短蒸熟所需时间，要蒸到用筷子可以轻松插透。
2. 盛土豆泥的袋子一定要够厚实，如果不够厚就要用两个袋子套起来。
3. 土豆泥比较黏，所以在擀面皮和制作笑脸时都要多撒些干面粉。
4. 刚开始炸笑脸土豆饼时油温要低一些，否则会把土豆饼炸焦。

日式可乐饼

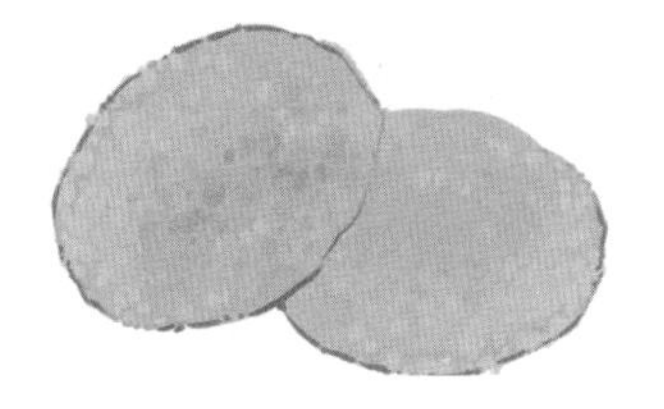

材料

主料
土豆300克
猪绞肉75克
洋葱30克
鸡蛋1个
面包屑50克
面粉30克

调味料
盐1/2小匙

做法

1. 洋葱切成碎末。猪肉剁碎。鸡蛋打散成蛋液。
2. 土豆去皮，入蒸锅蒸熟。
3. 蒸好的土豆放入食品袋中，用擀面杖压成泥。
4. 取3个盘子，分别放入打散的蛋液、面包屑、面粉备用。
5. 平底锅热少许油，放入洋葱末小火炒出香味。
6. 加入猪肉末，小火煸炒至猪肉变色、油脂溢出，加入盐调味。
7. 土豆泥中加入洋葱碎及猪肉碎，用手抓匀。
8. 将拌好的土豆泥等分成7份，整形成8毫米厚的饼状，表面粘上面粉。
9. 再蘸上鸡蛋液，最后蘸上面包屑。
10. 取一个小锅，里面倒入油300毫升，烧至七成热，放入土豆饼用中火炸约1分钟后用筷子将土豆饼翻身，继续炸制。
11. 再炸约1分钟后捞起，放在滤网上沥净油即可。

心得分享

炸的时间不要过久，因为土豆饼里面的馅都是熟的，炸制的目的是让它定型，只要炸至表面的面包屑变色即可。炸的时候注意火候，要勤翻动。

黄金果子

材 料

南瓜泥100克
糯米粉100克
白糖30克
红豆沙150克
葡萄干5颗

做 法

1. 将南瓜去皮、瓤，切成小块。
2. 将南瓜块放入盘中，上蒸锅，加盖蒸20分钟至软烂。
3. 用网筛过滤南瓜泥。
4. 过滤好的南瓜泥趁热加入白糖拌匀，搅至白糖溶化。
5. 将南瓜泥和100克糯米粉混合均匀。
6. 和成光滑不粘手、柔软如耳垂的面团。
7. 取1小块面团，放入沸水锅内煮约5分钟。
8. 取出熟面团放入生面团内，用手揉匀。
9. 将面团搓成长条状。
10. 将面团切成小剂子。
11. 将面剂子搓成小球，红豆沙同样搓成小球。
12. 将南瓜面团按扁成5毫米厚的圆饼，放上豆沙球。
13. 用手将面团向上收拢，包住红豆沙。
14. 翻面，按扁成2厘米厚的圆饼状。
15. 用不锈钢汤匙的匙柄按压出纹路。
16. 葡萄干对半切开，按在面团顶部做成南瓜柄，放入刷油的盘中，再放入烧开水的蒸锅中加盖蒸10分钟即可。

心得分享

1. 煮一块熟面团放入生面团内，可以增加面团的黏性，使面团不易开裂。

2. 放南瓜饼的盘子上要刷上薄薄的油防粘，不然南瓜会粘在盘子上造成破皮现象。

黄金玉米烙

材料

新鲜甜玉米 250克
糯米粉 35克
玉米淀粉 70克
糖粉适量
植物油250克

做法

1. 新鲜甜玉米取下玉米粒，准备玉米淀粉、糯米粉和糖粉。
2. 将糯米粉、玉米淀粉和玉米粒混合，加入少许清水，混合至玉米粒表面可以挂住面糊。
3. 平底锅内放入油烧至八成热，将油倒出备用。
4. 将混好的玉米粒平铺在锅内，用手在表面洒一些水，让玉米粒粘连在一起。
5. 用小火将锅内的玉米粒煎至定型，晃动锅子时玉米烙是整块移动的。
6. 这时再将事先烧过的油慢慢沿着锅边淋入。
7. 接下来把所有的油都倒入，油量要没过整块玉米烙。
8. 保持用中小火炸至表面的粉类由白色转为黄色，开大火再炸一下。
9. 玉米烙连同油一起倒入漏勺中，沥净油后切件装盘，撒上少许糖粉即可。

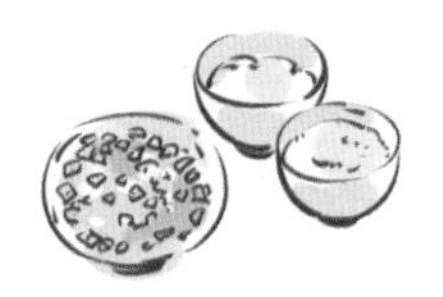

心得分享

1. 玉米粒中加些糯米粉，不但定型效果好，而且煎出来口感更酥。

2. 在煎玉米烙前要把油烧热了备用，如果直接淋凉油的话，会把玉米粒冲散。另外，油量一定要没过整块饼。

香酥蛋卷

材料

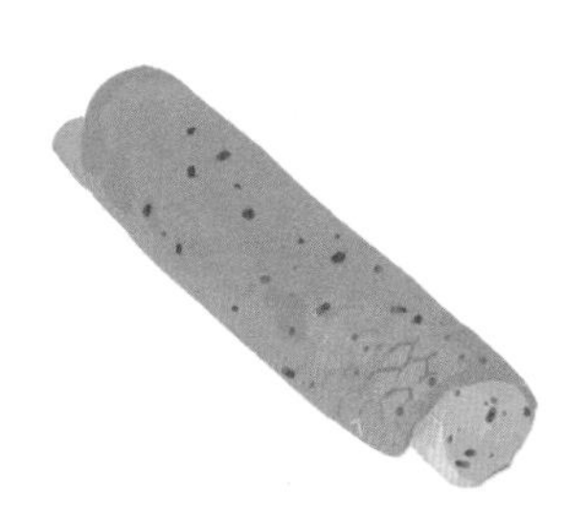

鸡蛋2个
低筋面粉55克
黄油50克
细砂糖45克
黑芝麻10克

做法

1. 鸡蛋磕入碗内，加入砂糖，用手动打蛋器搅拌均匀，至砂糖溶化。
2. 黄油放入小碗内，隔热水加热至融化成液态。
3. 将黄油倒入蛋液中，搅拌均匀。
4. 加入低筋面粉搅拌均匀。
5. 用手动打蛋器搅拌至无明显颗粒的糊状。
6. 加入黑芝麻拌匀。
7. 不粘平底锅先不要烧热，舀1大匙蛋糊放入锅内。
8. 晃动锅子，将锅子里的蛋糊平摊开来。
9. 用小火加热，见到蛋皮边缘有些微黄时，小心地用手掀起蛋皮，翻面。
10. 同样将蛋皮的另一面用小火煎至有些微黄色。
11. 趁热用筷子将蛋皮卷起，卷好后静置定型2分钟即可。

心得分享

1. 注意倒入面糊前不要加热平底锅，面糊倒入热锅中就摊不开了。每次煎完蛋卷后，还是要用凉水把锅冲凉，再用干布擦干才行。

2. 卷蛋卷的时候动作要快，时间长了蛋卷就会变脆，就卷不起来了。

铜锣烧

材 料

低筋面粉100克
全蛋100克
牛奶40克
细砂糖40克
蜂蜜10克
盐1/4小匙
泡打粉2克
红豆沙馅适量

做 法

1. 鸡蛋加砂糖、蜂蜜、盐在盆内打散。
2. 加入鲜奶搅拌。
3. 低筋面粉和泡打粉混合，用网筛过筛。
4. 将面粉加入蛋液中，用打蛋器混合。
5. 平底锅先不加热，舀入1汤匙面糊，摊成圆饼形。
6. 开小火加热，至圆饼冒出小气泡、边缘凝固时，将圆饼翻面。
7. 再煎1分钟即可取出。煎第二个饼前要先把锅子用凉水冲凉。
8. 取两张煎好的圆饼，中间夹入红豆沙馅即可。

心得分享

在倒面糊之前不要烧热锅，如果锅太热，面糊摊下去很快就煳了。所以每做一个之前都要用凉水给锅降温。在整个过程中都要用小火，不然铜锣烧很容易煳掉。

自制肉松

材料

主料

猪腿肉260克

调味料

生抽2大匙

蚝油1大匙

米酒1大匙

桂皮1小块

白糖1又1/3大匙

香葱2根

生姜1片

大蒜4瓣

八角1颗

做法

1. 将猪腿肉切成麻将大小的块，放入不锈钢碗内，加入所有调料。
2. 电压力锅内倒入250毫升清水，放入不锈钢碗，调至“排骨”档。
3. 待电压力锅自动跳闸后揭开锅盖，拣去葱、姜及其他香料，其余全部倒入炒锅中。
4. 小火煮至汤汁收干，将肉块放凉。
5. 用平的饭铲将肉块压碎成肉丝状。
6. 用两支西餐叉将粗的肉丝刮成细肉丝。
7. 将肉丝放入平底锅内，小火慢炒，至变得有些干时取出，再用西餐叉刮丝，再用小火炒干。
8. 最后用两手将肉丝来回揉搓，使肉丝更膨松，即成肉松。放凉后装入保鲜盒保存即可。

心得分享

如果妈妈们对外面买的肉松不放心，可以自己做给宝宝吃。每次可以多做一些，给宝宝煮面、熬粥、做寿司等都能用上。

自制番茄酱

材 料

番茄350克
冰糖50克
柠檬半个

做 法

1. 用利刀将每个番茄顶部划上十字。
2. 取小锅加水烧开，放入番茄煮约1分钟，至番茄表皮微起皱。
3. 捞起番茄撕去表皮。
4. 将番茄切成块状。
5. 番茄块放入料理机内，加入清水200毫升，打成泥状。
6. 将打好的番茄泥倒入不锈钢锅内，加入冰糖块，中火煮开后，转小火熬制。
7. 煮至汤汁浓稠时挤入柠檬汁，边用小火煮边搅拌，直至煮至酱汁可挂在锅铲上即可。

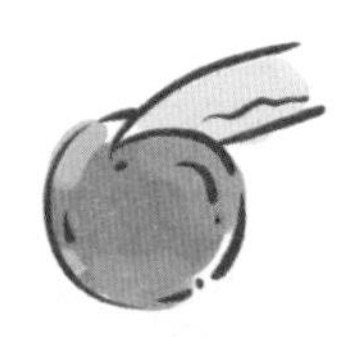

心得分享

1. 番茄要选全熟的，不要给宝宝吃未完全成熟的番茄。

2. 煮番茄酱时要不时用锅铲搅拌锅底，否则容易出现煳锅的现象。

3. 取一些带盖的玻璃瓶，煮沸消毒，注入煮好的番茄酱，再次放入蒸锅中隔水煮沸消毒，关火后立刻盖紧瓶盖，自然冷却后将小瓶放入冰箱冷藏。可保存一周左右。

第5章

宝宝常见病症食疗餐

第1节

小儿感冒

感冒是宝宝最常见的疾病，是由病毒或细菌等引起的鼻、鼻咽、咽部的急性炎症。小儿感冒以发热、咳嗽、流涕为主症，突出症状是发烧，且常为高烧，严重的甚至出现热性惊厥。3个月内的宝宝一旦出现感冒症状，要立即带他去看医生。

宝宝感冒时，多让他喝水或富含维生素C的鲜橙汁，以避免呼吸道干燥。充足的水分能使鼻腔的分泌物变得稀薄，容易清洁。

宝宝不会自己擤鼻涕的话，让宝宝顺畅呼吸的办法就是帮宝宝擤鼻涕。可以用吸鼻器或医用棉球，捻成小棒状，沾出鼻子里的鼻涕。如果宝宝鼻子堵了，可以在宝宝的床头垫一两块毛巾，把头部稍稍抬高能缓解鼻塞。家里最好用加湿器增加室内湿度，能帮助宝宝更顺畅地呼吸。

感冒期的宝宝要吃些清淡易消化的食物，如清粥、面条，鱼、虾、肉尽量少吃，等病情稳定了，好转了，再慢慢补充营养。忌食辛燥、油腻之品。

宝宝的感冒症状会表现得比成人严重很多，但妈妈们不用太过焦虑。这时，宝宝的免疫系统正跟病毒、细菌激烈地斗争着，这也是锻炼宝宝免疫力的好机会。妈妈们密切观察宝宝的病情变化，让宝宝多喝水、多休息就好。

芹菜粥

材 料

白米、芹菜各100克

做 法

1. 芹菜洗净，切小块。
2. 白米淘洗干净，放入锅中，加水煮粥。
3. 待粥将熟时加入芹菜煮烂即可。

用 法

每日1剂，分早晚2次食用即可。

功 效

清内热，利大肠，主治风热感冒，症见发热、咳嗽、小便短黄等。

红薯姜糖水

材 料

红薯300克
生姜20克
红枣5颗
冰糖20克

功 效

散寒解表，补中暖胃，可用于防治风寒感冒。

做 法

1. 红薯削去表皮，生姜削去表皮。
2. 红薯切成1. 5厘米大小的块。生姜切薄片。
3. 将红薯、红枣、生姜、冰糖放入电压力锅内胆中，加入清水，水量高过材料2厘米。
4. 按下“煮汤”键，约半小时后即可食用。

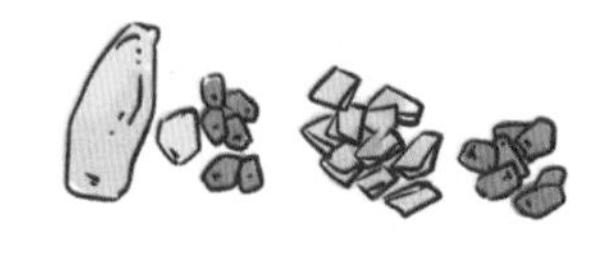

葱白萝卜粥

材料

白萝卜50克，葱白3根，白粥1碗。

做法

1. 白萝卜去皮，葱白切段。
2. 用擦子将白萝卜擦成泥。
3. 白粥煮开后，放葱白和白萝卜泥煮约10分钟。
4. 煮好后将葱白夹出即可。

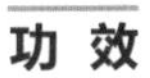

功效

辛温解表，止咳化痰。有助于缓解风寒感冒引起的咳嗽、流清涕等症状。

姜枣茶

材料

生姜20克
红枣40克
红糖15克
清水500毫升

做法

1. 生姜刮去表皮，切成薄片。红枣洗净，去核，切成条状。
2. 汤锅内放入姜片、红枣，加入清水500毫升，煮开后转小火煮20分钟。
3. 煮至汤汁剩下一半时加入红糖，再煮1分钟。
4. 最后将煮好的茶过滤，趁热服用。

功效

发汗解表，温中和胃。用于防治风寒感冒。

第2节

小儿咳嗽

咳嗽是宝宝常出现的症状，感冒、支气管炎、肺炎等疾病都会引起咳嗽。宝宝出现咳嗽后，一方面我们要找到病因，从根本上治疗疾病；另一方面也要想办法缓解宝宝的不适感。

具体来说，要鼓励宝宝多休息，兴奋或者运动都会加重咳嗽和痰多。保持室内空气流通，避免煤气、尘烟等刺激。咳嗽期间减少剧烈的户外活动，不要带宝宝去人多的公共场所。关注天气变化，做到及时给宝宝增减衣服。

咳嗽时急速气流会从呼吸道中带走水分，造成黏膜缺水，应注意给孩子多喝水、多吃水果。辛辣甘甜食品会加重宝宝咳嗽症状，要少吃。很多家长喜欢给孩子煮冰糖梨水，如果冰糖放得过多，不但不能起到止咳作用,反而会使咳嗽加重。

对于有过敏性咳嗽的孩子，尘螨、粉尘、猫狗毛、真菌孢子或蟑螂的分泌物等，都可以导致孩子咳嗽。枕头、床垫、棉被、毛绒玩偶等要经常清洗或拿到阳光下曝晒，棉被最好能套上防螨被套；尽量避免养猫狗等宠物。

烤橘子

材料

橘子1个

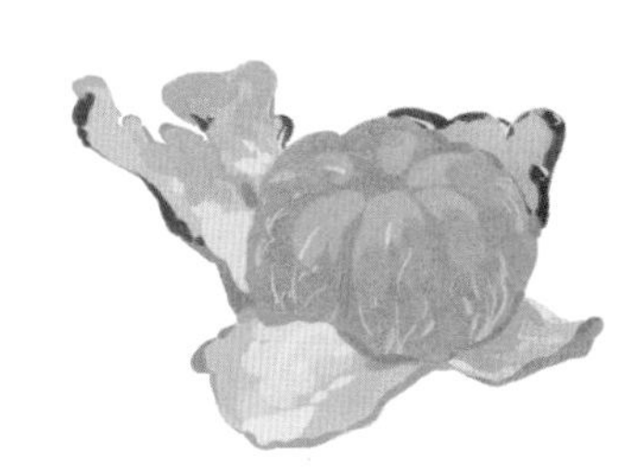

做法

1. 将橘子表皮清洗干净，用叉子将橘子叉住。
2. 一边转动叉子一边用小火将橘子表皮烤干。
3. 至橘子表皮有些微焦即可。

金橘酱

材 料

金橘500克
冰糖100克

做 法

1. 取一大盆水，放入1小匙盐，将金橘放在盐水中浸泡10分钟，再搓洗干净表皮。
2. 将金橘的蒂摘去，横切成片，用筷子将籽捅出来。
3. 将切片的金橘放入搅拌机内，加入清水100毫升，搅拌成细腻的泥状。
4. 将打好的金橘酱倒入小锅内，加入冰糖。
5. 加入清水1碗，中火煮开后转小火熬煮，边煮边用木铲搅拌。
6. 煮约40分钟至金橘酱变得浓稠，可挂在木铲上即可。
7. 将金橘酱自然放凉，放入干爽、干净的容器内，加盖密封，放入冰箱冷藏，可保存1个月。

心得分享

1. 因为是连皮一起制作的，所以在清洗金橘的时候要用盐水搓洗干净。
2. 金橘的籽一定要小心地挑出来，不然会有些微苦味，影响口感。
3. 煮酱的时候，要不时用木铲从锅底搅拌，以免煳底。
4. 要想果酱保存时间长，有两个要点：一是糖的量要足够，因为糖具有防腐的作用。二是水分要煮干，水分过多，果酱就容易坏，一定要煮到浓稠，可以挂在木铲上才行。

冰糖川贝炖雪梨

材料

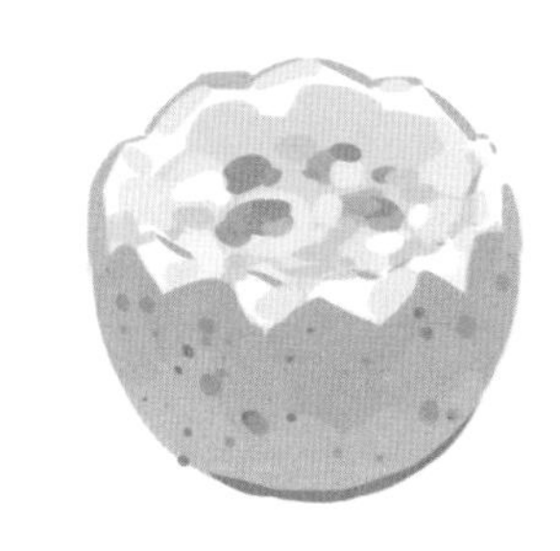

川贝5克
雪梨1个
枸杞子5颗
冰糖20克

做法

1. 雪梨从距顶部1/3处切开，分开梨盖和梨盅。
2. 用汤匙从梨盅内把果核掏出，挖出果肉，用刀剁碎。
3. 川贝用刀压成碎末。
4. 将川贝、梨肉、冰糖放入梨盅内，梨盅放入烧开的蒸锅中，中火蒸制40分钟即可。

罗汉果茶

材料

罗汉果1个
清水500克

做法

1. 将罗汉果表面的灰尘清洗干净。
2. 将罗汉果用小锤砸碎。
3. 锅内加清水，放入罗汉果碎，用小火煮约10分钟。
4. 用网筛过滤掉果渣，取汁给宝宝饮用即可。

功效

罗汉果性凉，味甘、酸，有清热凉血、生津止咳、润肺化痰的功效，可用于缓解痰热咳嗽、咽喉肿痛、大便秘结等症。

第3节

小儿肺炎

小儿肺炎是威胁我国婴幼儿健康的严重疾病,一年四季均可发生,尤其是气候寒冷的冬春季节。患肺炎的宝宝主要表现为发热、咳嗽、气促、呼吸困难,不同病原体引起的肺炎各有特点、严重程度不一。

患肺炎的宝宝大多需要住院治疗,治疗疾病的事情交给医生,而照护宝宝的饮食起居就要家长格外用心。患肺炎的宝宝常有高热症状,因而胃口较差,不想吃东西,家长应让宝宝多吃一些清淡易消化、又有较高营养价值的食物。

因为患肺炎的宝宝呼吸频率较快，水分的蒸发比平时多，所以急需补充水分。餐后可让宝宝吃一些水果泥或水果汁，两餐之间要让宝宝尽量多喝一些开水或牛奶。牛奶可每次少喂些，增加喂的次数。及时补充水分，是宝宝早日康复的重要前提。

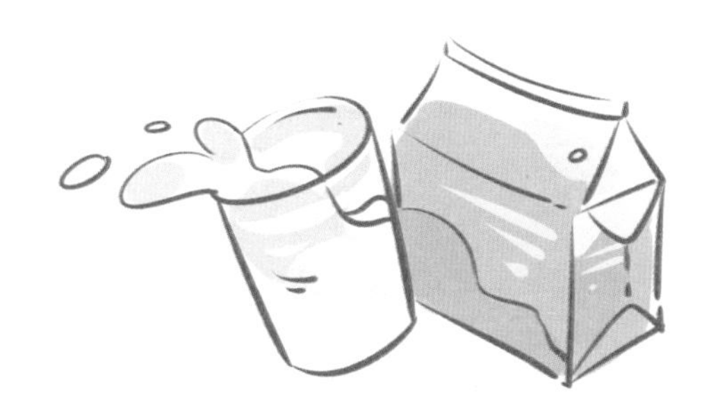

材料

瘦肉、大白菜心各100克，姜、蒜末、鸡油各适量，盐少许。

做法

1. 瘦肉切丝，白菜洗净后切丝，均放入沸水中，焯至刚熟时捞出，放入清水漂净，沥干水分待用。
2. 锅置旺火上，下鸡油烧至五成热，放入蒜末炒至金黄色，再加瘦肉丝合炒，加入少许盐，加水煮熟，再加白菜心煮沸即可食用。

第4节

小儿哮喘

哮喘是一种表现为反复发作性咳嗽、喘鸣和呼吸困难，并伴有气道高反应性的可逆性、梗阻性呼吸道疾病。哮喘是一种严重危害宝宝身体健康的常见慢性呼吸道疾病，其发病率高，常反复发作，严重影响了宝宝的生活、活动及学习，影响宝宝的生长发育。

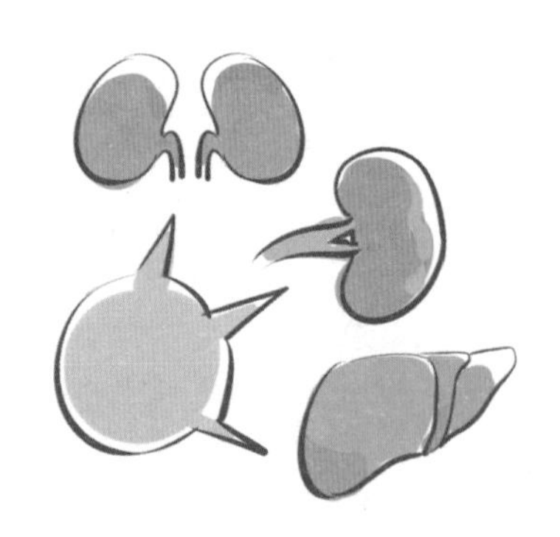

哮喘宝宝的饮食应以清淡、易消化为宜，忌油腻、辛辣刺激性饮食，可适当食用些补肾、健脾、益肺的食品。镁、钙有减少过敏的作用。可多食海带、芝麻、花生、核桃、豆制品、绿叶蔬菜等含镁、钙丰富的食品。补充足够的优质蛋白质，以满足炎症修复及营养补充，如蛋类、牛奶、瘦肉、鱼等。脂肪类食品不宜进食过多。增加食用含维生素多的食品，如各种水果、蔬菜。维生素 A 可以增强机体抗病能力，B 族维生素和维生素 C 可辅助治疗肺部炎症。

哮喘发作时出汗多，进食少，使患儿失去较多的水分，所以患儿要多饮水，这有利于稀释痰液，使痰易排出。可多吃一些润肺化痰的食物，如百合、银耳、柑橘、萝卜、梨、藕、蜂蜜等。

银耳麦冬羹

材 料

银耳30克，麦冬12克，淀粉、冰糖各适量。

功 效

润肺养阴，用于肺阴虚型哮喘。

做 法

1. 银耳用温水泡2小时，待发好后去蒂洗净。麦冬加水煮20分钟，去渣留汁。
2. 将银耳加入麦冬汁中，用小火炖烂，加淀粉及冰糖调匀，煮沸后食用即可。

第5节

小儿便秘

正常宝宝1 ~ 2天排便1次，如果宝宝3 ~ 5天才排便一次，而且排便时非常费劲，小脸涨得通红，憋得直哭，说明宝宝便秘了。正常宝宝的大便是湿润的黄色条状，而便秘宝宝的大便是颗粒状的，干燥坚硬，这是因为大便在肠内积蓄太久，水分已经被吸干。

母乳喂养的宝宝比较不容易便秘，因为母乳中含有低聚糖等丰富的营养，有润肠通便的作用。如果是配方奶喂养，可把配方奶稀释，给宝宝吃一些果泥、菜泥、鲜榨果蔬汁、白开水，以增加肠道内的纤维素，促进胃肠蠕动，帮助排便。

妈妈给宝宝合理的饮食搭配不仅可以有效预防便秘发生，而且对已有的便秘也有良好的治疗作用。给宝宝搭配的食物中鱼、肉、蛋与谷物的比例要均衡，便秘时增加蔬果类的摄入，尽量吃些清淡的食物，还可以多添加一些含纤维素的食物，促进宝宝的胃肠蠕动。给宝宝喝益生菌也是不错的选择。

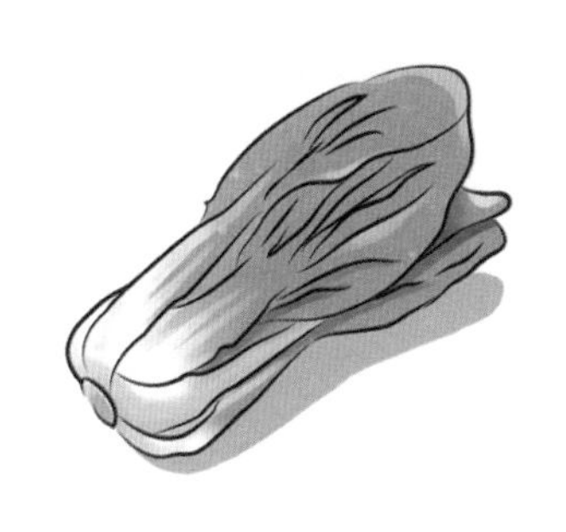

6个月以下的宝宝，可以做腹部按摩。用手掌在宝宝肚脐位置，顺时针方向转圈。对6个月以后的宝宝，可用玩具逗引孩子多运动，增加活动量。万不得已时可用开塞露。开塞露一般只要用一半药液即可，挤入后要让药液停留在肠内至少3分钟，让药液软化粪块再排便。

南瓜绿豆粥

材 料

南瓜100克，绿豆80克，粳米80克。

做 法

1. 将南瓜去皮、瓤，切成1厘米大小的块状。粳米和绿豆洗净。
2. 将粳米、绿豆、南瓜一起放入电压力锅中，加适量水。
3. 按下“煮粥”键，约30分钟后跳至“保温”键即可。

西蓝花南瓜汤

材 料

西蓝花30克
南瓜50克
鸡胸肉20克

做 法

1. 将南瓜去皮、瓤，切成薄片。西蓝花切成小朵。鸡胸肉剁成泥。汤锅内烧开水，放入西蓝花汆烫1分钟后捞起。
2. 汤锅内重新加入水，烧开后放入南瓜片，小火煮5分钟。
3. 再加入西蓝花、鸡肉泥，煮3分钟后关火。
4. 将煮好的汤放至温热，倒入搅拌机内搅碎，再重新倒入锅内加热即可食用。

杏仁糊

材 料

脱皮杏仁150克
（南杏仁和北杏仁各一半）
糯米粉15克
白糖适量

做 法

1. 杏仁用凉水提前浸泡2小时。
2. 泡好的杏仁倒入搅拌机内，加清水450毫升，搅拌5分钟至杏仁全部搅碎。
3. 将搅拌好的杏仁浆用过滤网过滤出残渣。
4. 糯米粉加清水50毫升在碗内调匀备用。
5. 将滤好的杏仁浆倒入小锅里，用小火煮至沸腾，慢慢倒入糯米粉水，一边倒一边用汤匙搅拌锅底,至杏仁浆煮成糊状即可。大宝宝可加些糖食用。

第6节 小儿腹泻

宝宝出生后1～2个月，便便次数是非常多的，尤其是吃母乳的宝宝。一天拉上3～5次的稀便，或便中混有硬块，或多少带有黏液等情况，都不必过于担心。到第3个月时，宝宝的消化器官逐渐成熟后，大便的次数就逐渐减少，性状也逐渐转变。

添加辅食之后的宝宝一般每天1～2次大便，为黄色软便。如果宝宝一天的排便次数明显增多，轻者4～6次，重者可达10次以上，甚至数十次，说明宝宝患腹泻了。腹泻宝宝的大便通常为稀水便、蛋花汤样便，有时是黏液便或是脓血便，宝宝同时伴有吐奶、腹胀、发热、烦躁不安、精神不佳等。

腹泻次数多的宝宝容易脱水，不能耽误，必须尽快就医。取最近一次的大便样本去医院化验，样本的存留时间不能超过2小时。

找出造成腹泻的原因。母乳喂养的宝宝，是否妈妈也同时有腹泻的症状？如果是，建议先改喝配方奶，直至妈妈的腹泻痊愈。配方奶喂养的宝宝，要检查是否奶瓶及奶嘴的消毒不过关，或者是否因为换了新品牌的奶粉而造成不适。

宝宝拉稀的次数多，肛门处会出现红疹，每次大便后要用温水擦洗干净，并用纱布擦干爽，在肛门附近擦上护臀膏，红疹很快就会好了。

腹泻的宝宝往往食欲比较差，吃不进多少饭。这时主要以补充水分为主，同时注意预防低钠。可以给宝宝做一些清淡的汤，稍微加点盐。如果一旦出现眼窝凹陷、皮肤弹性差、尿少等脱水症状，要及时去医院治疗。

白扁豆瘦肉汤

材料

白扁豆50克
猪瘦肉100克
盐1/2小匙

做法

1. 将猪瘦肉洗净，切成5毫米大小的方块。
2. 白扁豆用清水提前浸泡4小时，脱去表皮。
3. 汤锅内烧开水，放入瘦肉汆烫一下，捞起。
4. 汤锅内重新加入1000毫升清水，放入猪瘦肉、白扁豆，大火煮开后转小火煮1小时。加入盐调味即可。

栗子糯米粥

材 料

栗子2个
糯米50克

做 法

1. 将栗子剥去外壳，糯米洗净。
2. 将栗子和糯米放入电压力锅内，倒入清水500毫升。
3. 开启“煮粥”程序，约30分钟后跳至“保温”档即可。
4. 将栗子取出，用宝宝辅食过滤网压成泥，拌入糯米粥内即可。

胡萝卜泥

材 料

胡萝卜1根
橄榄油2滴

做 法

1. 将胡萝卜刮去表皮，切成薄片。
2. 将胡萝卜片放在不锈钢盘上，上锅蒸20分钟至软烂。
3. 将胡萝卜片用宝宝辅食过滤网压成泥状，滴上2滴橄榄油混合即可。

材 料

糯米50克

做 法

1. 将糯米放在小锅里，用小火炒至表面变焦黄色，香气逸出。
2. 加入清水750毫升，大火煮开，转小火煮至大米膨胀、米汤变浓稠即可。

用 法

待米汤变温热时喂宝宝食用，一日两次。

山药薏仁粥

材 料

山药50克
薏仁30克
大米50克

做 法

1. 将山药去皮，切成小丁。
2. 薏仁提前用清水浸泡3小时以上。
3. 将薏仁和大米洗净，放入锅内，加入清水1000毫升，大火煮开后改成小火熬煮30分钟。
4. 加入切成小丁的山药块，再煮约20分钟，至山药块熟透即可。

第 7 节

小儿厌食

厌食症，是指宝宝在排除其他疾病的前提下，出现较长时间食欲减退、甚至拒食的一种病症。一般各年龄段都可发病，但以1～6岁幼儿尤为多见。本病起病缓慢，病程较长，长期厌食患儿由于进食较少，可导致营养不良，造成消瘦、面色萎黄、体力衰弱、抗病力下降，易反复感冒，甚至影响生长发育，出现智力低下的现象。

对患有厌食症的宝宝，家长在治疗初期可投其所好，他喜欢吃什么就给他吃什么，待开胃进食后，再按所缺营养，慢慢添加、补充，以逐步使其得到调整。给孩子提供的食物应尽量是营养丰富、容易消化的食品，少让孩子吃肥甘黏腻食物，如糖果、巧克力及油炸食品等。

不要让孩子长期食用过于精细的食物，应鼓励宝宝多吃蔬菜、粗粮、杂粮。不要给孩子滥用补品、补药，牢记“药补不如食补”。注意纠正小儿吃零食、偏食、挑食、饮食不规律、食量不定等各种不良习惯。

材料

生猪肚200克
大米50克
葱、姜各适量
盐少许

做法

1. 生猪肚洗净，加适量水，煮至七成熟捞出，用刀切成细丝，备用。
2. 大米淘洗干净，与熟猪肚、猪肚汤一起煮成粥，再加葱、姜和少许盐调味，即可食用。

功效

补中益气，健胃消食。主治食欲减退、消化不良、倦怠无力等症。

第8节

小儿贫血

缺铁性贫血多发于6个月至3岁的宝宝。一般缺铁性贫血宝宝常常有烦躁不安、精神不振、活动减少、食欲减退、皮肤苍白、指甲变形等表现，较大的宝宝还可能跟家长说自己老是疲乏无力、头晕耳鸣、心慌气短。预防婴幼儿的缺铁性贫血，须选择富含铁的食物。下面介绍一些铁含量和吸收利用率均较高的食品，以供参考。

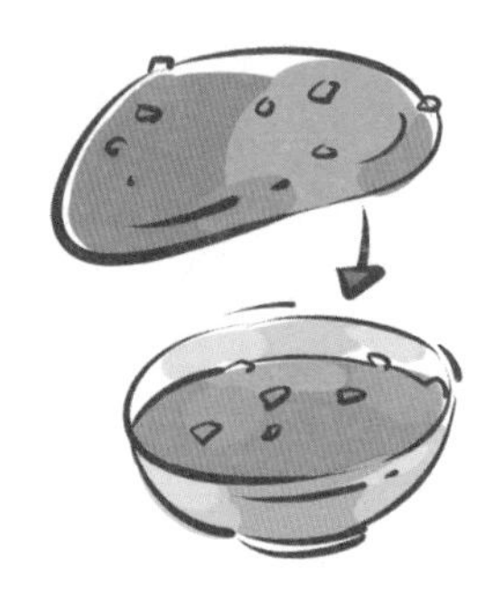

动物肝脏富含多种营养素，是预防缺铁性贫血的首选食品。如每100克猪肝含铁25毫克，且较易被人体吸收。刚添加辅食的小宝宝可以将动物肝脏做成肝泥，大一点的宝宝可以炒食、煮粥等。

瘦肉里含铁量不算太高，但铁的利用率很高，与猪肝相近。

每100克鸡蛋黄含铁7毫克，尽管铁吸收率只有3%，但鸡蛋原料易得，食用保存方便，而且还富含其他营养素，所以仍不失为婴幼儿补充铁的一种较好的辅助食品。

猪血、鸡血、鸭血等动物血液里所含铁的利用率为12%。

芝麻酱富含多种营养素，是一种很好的婴幼儿营养食品。每100克芝麻酱含铁58毫克，同时还含有丰富的钙、磷、蛋白质和脂肪，添加在婴幼儿食品中，深受孩子们欢迎。

黑木耳含铁量很高，比一般肉类高100倍，堪称“含铁之冠”。此外，海带、紫菜等水产品也是较好的补铁食品。

红枣银耳粥

材 料

粳米50克，红枣50克，银耳15克。

做 法

1. 将银耳提前用凉水泡发20分钟，洗净切碎。红枣切开，取出枣核。粳米淘洗净。
2. 将银耳、红枣、粳米一同放入锅内，加入清水500毫升，大火煮开，转小火熬煮约30分钟，至粥变得浓稠。

红枣花生粥

材 料

红枣5颗
红衣花生米50克
白米50克

材 料

1. 将花生提前用凉水浸泡4小时以上。
2. 白米和花生、红枣分别洗净，放入小锅内，加入清水750毫升，大火煮开后转小火熬煮约30分钟，至粥变浓稠即可。

材 料

这道粥有补中益气、养血安神的作用。